生态学透视：化学生态学

Ecological Perspective: Chemical Ecology

闫凤鸣　主编

河南科学技术出版社

· 郑州 ·

《生态学透视：化学生态学》编写人员

主　　编：闫凤鸣

参编人员：（以姓名拼音为序）

陈　立（河北大学）

崔艮中（北京中捷四方生物科技股份有限公司）

董双林（南京农业大学）

韩宝瑜（中国计量大学）

黄勇平（中国科学院植物生理生态研究所）

孔祥波（中国林业科学研究院）

刘德广（西北农林科技大学）

娄永根（浙江大学）

陆鹏飞（北京林业大学）

苗雪霞（中国科学院植物生理生态研究所）

庞保平（内蒙古农业大学）

孙江华（河北大学）

孙晓玲（中国农业科学院茶叶研究所）

谭　垦（中国科学院西双版纳热带植物园）

汤清波（河南农业大学）

王琛柱（中国科学院动物研究所）

王桂荣（中国农业科学院植物保护研究所）

王满囷（华中农业大学）

魏洪义（江西农业大学）

魏建荣（河北大学）

吴建强（中国科学院昆明植物研究所）

闫凤鸣（河南农业大学）

严善春（东北林业大学）

曾任森（福建农林大学）

张　龙（中国农业大学）

张茂新（华南农业大学）

张　茜（河南大学）

张　真（中国林业科学研究院）

赵莉蔺（中国科学院动物研究所）

周国鑫（浙江农林大学）

周　琼（湖南师范大学）

序 一

自从第一个昆虫性信息素蚕蛾醇的成分得以鉴定以来，已经经历了 60 多年的时间。化学生态学也以此为标志而成为一门独立的学科。中国化学生态学在老一辈科学家的引导下，在全体成员的不懈努力下，积极融入国际化学生态学的研究之中而成为一支重要的力量。

早期以鉴定昆虫性信息素并将这些信息化合物用于种群监测、大量诱捕和干扰交配等害虫控制措施中为主要内容的化学生态学方法越来越成熟。由于种类专一性强、用量少、对环境的影响小，信息化合物一直被用来调控各种生物的行为并协调它们与其他物种之间的关系。大家经常一起讨论的问题是化学生态学要向哪个方向发展？我们欣喜地看到，经历了一段时间的沉寂以后，化学生态学又以新的面目呈现在研究者和生产者面前。关于性信息素产生、释放、感受和行为反应的机制随着基因组学的发展而不断深入。植物与昆虫间相互作用的信息化合物不断被发现并显示出应用潜力。不同生物从内到外的各种信号分子将各种物种连成一个有机的整体。合成生物学也被引入化学生态学研究之中，用来合成各种高纯度、低成本的信息化合物分子。

从研究到应用的跨越也成为化学生态学发展的新趋势。国内多家从事化学生态学研发和应用的企业逐渐站稳脚跟，产品的生产和应用站上了亿元的台阶。多款与信息化合物相关的商品从国内走向国外。而与生活相关的信息化合物已经在平台商店里实现销售，进入千家万户。米面蛾诱捕器等产品通过诱捕雄蛾解决了家庭中到处飞舞的蛾类昆虫带来的烦恼。蟑螂诱虫盒通过诱导蟑螂取食并将对人无害的绿僵菌带回它们自己的住所而倾巢而灭。

闫凤鸣教授一直致力于化学生态学的研究和人才的培养。特别是在化学生态学原理和技术方面通过多种途径不遗余力地向有志于开展化学生态学研究的年轻人传授知识和技能。他组织过多期培训班，召开过多次研讨会。他编写的《化学生态学》第 1 版和第 2 版，是国内化学生态学领域的重要参考书和研究生教材。

他所领导的河南农业大学团队已经是国内化学生态学研究的重要力量。

  《生态学透视：化学生态学》一书，为大家介绍了蓬勃发展的中国化学生态学的最新进展和主要研究团队，为致力于学习、研究和生产应用的全体成员提供了一手的基础素材，将会成为化学生态学领域的重要参考。

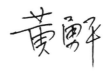

（中国生态学学会化学生态专业委员会原主任，

中国科学院植物生理生态研究所研究员）

2022 年 10 月于上海

序 二

　　自然界中，生物间存在着复杂的化学联系。这些化学联系不仅在一定程度上决定了生物间互存的方式，如互利、偏利、竞争、中性，等等，而且也影响了各种生物的行为、种群数量及群落的结构与组成等。因此，剖析生物间通信的"化学语言"及其产生、调控与识别机制，不仅是认识自然、揭示生物间互作机制等的基础，而且也是改造自然、服务人类的重要前提。

　　化学生态学就是研究生物之间化学联系及其机制的一门学科。它的发展是随着人们对自然规律认识的深入、对生存环境与生活水平需求的提高以及现代科学技术的发展而逐渐成长起来的。几次标志性事件，1959 年 Butenandt 等分离、鉴定第一个昆虫信息素蚕蛾醇，1970 年 Sondheimier 和 Simeone 出版国际上第一本《化学生态学》专著，1975 年创刊《化学生态学杂志》，1983 年成立国际化学生态学会和 1996 年德国成立马普化学生态学研究所，代表着化学生态学从诞生逐步发展成为生态学一个重要分支学科的历程。早期的传统化学生态学主要是依赖于化学与生态学等研究手段开展研究，研究内容主要是信息化合物的分离、鉴定及其生物活性测定等。现代化学生态学则是综合利用现代分子生物学、遗传学、生物信息学以及化学等多学科研究技术开展研究，研究内容也从早期的主要侧重信息化合物的分离、鉴定等，发展成以分离、鉴定信息化合物、剖析信息化合物生物合成、调控和识别机制以及揭示这些信息化合物介导的相互作用所带来的生态与进化后果等多方面内容并重。这些革命性的变革大力推进了化学生态学的研究进展，也为我们更好地利用化学生态学研究成果服务于人类提供了更多的技术途径和支撑点。

　　相比国外发达国家，我国化学生态学的研究起步比较晚，研究积累不够；因此，在化学生态学领域的很多方面，与国际上的一些高水平研究还有很大差距。尽管近几年我国在化学生态学领域做出了一些非常突出的工作，但总体而言，我国化学生态学的研究还是低水平重复比较多，创新性不够，研究深度也有待提高。

深入分析我国化学生态学研究现状，找出与国际上发达国家存在的差距及其原因，并提出相应的对策，将大大促进我国化学生态学的研究。

闫凤鸣教授长期致力于昆虫化学生态学的研究与教学工作，卓有建树。在《生态学透视：化学生态学》一书中，他系统地介绍了国内外化学生态学的发展历史以及取得的主要研究成果，全面分析了我国与国际上发达国家化学生态学研究水平存在的差距；并在此基础上，提出了我国未来化学生态学的中长期发展对策。本书的出版无疑会推动我国化学生态学的发展壮大。故特此推荐该书，是为序。

（中国生态学学会化学生态专业委员会主任，
浙江大学教授）

2022 年 9 月于杭州

前　言

　　化学生态学属于生态学的分支学科，该学科名称即体现出其交叉学科的属性。化学生态学是由于社会需要而催生的学科，因此化学生态学始终以解决环境生态问题、病虫害安全治理问题、人类健康问题为己任，在解决社会发展中不断出现的问题的过程中发展壮大。化学生态学是目前生态学甚至是生命科学领域中最为活跃的学科之一，针对粮食安全和人类健康所面临的重大社会问题，开展生物抗逆、免疫反应、生物信号、化学感受、神经生物学和行为学等方面的研究，为农业科学、医疗卫生、植物保护、环境保护等方面提供了理论、产品和技术；同时，学科研究阐释了许多生命科学领域的基础理论，为生物进化、生物互作、生物多样性保护等方面的研究提供了例证。

　　化学生态学也是技术依赖性的学科。技术的发展促进了学科研究，而学科研究的需要也促进了技术的进步。自 20 世纪 50 年代末诞生以来，化学生态学的内涵不断丰富，从最初的生态学和化学的自然融合，到不断吸收生物学各个领域的理论和技术，发展到 20 世纪 90 年代分子生物学全面应用的时代，直至 21 世纪逐步应用组学技术，化学生态学进入多组学时代。

　　我国化学生态学的研究几乎是和世界同步的。经过几十年的积累，我国化学生态学研究取得了很多成就和进展，值得进行及时总结。而且，随着经济的发展和人们对于生活条件的要求日益提高，化学生态学研究面临着难得的机遇，需要进行策略性的学科发展研究。2021 年 5 月周国鑫教授建议我申请中国生态学学会的学科发展研究项目，当时正值新冠疫情期间，很多事情做不成，做些我国化学生态学发展状况的调研也是不错的选择。我的申请很快得到中国生态学学会的批准。我考虑到中国生态学学会化学生态专业委员会委员及其团队，基本可以代表中国化学生态学的主流团体和研究水平，于是我把学科发展研究所要涉及的内容，以提纲的形式发给这些委员，包括团队概况和研究方向（团队结构、主要研究方向及内容），团队主要研究进展如工作亮点（包括图表）、代表性论文和成果（专利、奖励等）列表、对本方向国内外发展状况的评述、未来 5 年本方向发展建议（项目设置、政策支持、人才培养、技术应用、国内外合作、仪器研发等方面的建议）等。我的撰稿邀请受到了专家们的热烈响应。本书的相关章节关于中国化学生态学学科研究进展、研究方向的国内外比较、未来战略需求和趋势展望等，就是以这些专家团队提供的内容为基础整理的。因此，这些专家均是本书的撰写人或参编人，而我只是进行综合和提炼而已。同时，上述成员与中国昆虫学会化学生态学专业委员会和中国植物保护学会植物化感作用专业委员会的成员多有交叉。因此，本书的内容也一定程度上体现了这两个专业委员会一些团队的研究成果。近年来，很多生命科学、农业科学和医学团队的研究也涉及化学生态学的研究内容，特别是许多年轻科学家做了非常好的相关研究工作，本书对他们的工作也尽量进行了引用。

中国生态学学会和中国昆虫学会的化学生态专业委员会自成立以来，我几乎全程参与了其学术活动并见证了其发展，经历了我国化学生态学科研水平的日益进步、实用技术的推广应用，见证了年轻一代的不断成长，因此，我感觉有义务和责任记录其发展历程和取得的成就。专业委员会的发展历程及取得的成果，分别参考了河南农业大学原国辉教授和中国科学院植物生理生态研究所黄勇平研究员的相关总结报告。中国农业大学张龙团队的游银伟博士、福建农林大学宋圆圆教授、中国农业科学院植物保护研究所王桂荣团队的刘杨研究员、北京中捷四方生物科技股份有限公司崔艮中团队的王琳女士、华南农业大学张茂新团队的刘欢博士（现工作于河南科技大学）为各自团队整理材料。

中国生态学学会化学生态专业委员会原主任、中国科学院植物生理生态研究所黄勇平研究员，专业委员会主任、浙江大学娄永根教授对此项研究大力支持，并分别给本书写了序。中国生态学学会化学生态专业委员会秘书长、浙江农林大学周国鑫教授给予了全力支持，并对初稿提出了很多建议。中国科学院植物生理生态研究所杜家纬研究员，河南农业大学马继盛教授、原国辉教授对书稿撰写给予了很多指导。河南农业大学汤清波教授、四川农业大学刘江教授、河南大学张茜博士对初稿进行了审核，从结构到内容均提出了中肯的意见和建议。中国生态学学会的领导对书稿内容和结构给出了很好的指导性建议。河南农业大学化学生态学团队的白润娥副教授、赵晨晨博士帮助整理书稿材料。

中国生态学学会"2020—2021 重点分支学科发展研究"项目资助了化学生态学学科发展研究和本书的出版。学科发展研究项目的申请和实施，书稿的逐步成型，一直得到中国生态学会的大力支持和帮助。

因为《化学生态学（第 3 版）》即将出版，因此这本《生态学透视：化学生态学》以我国化学生态学学科发展为主要内容，尽力反映各个团队的研究亮点和对国内外比较、未来发展策略的观点，而基本不涉及化学生态学各个研究方向的研究进展综述。限于精力和水平，肯定存在不少遗漏和不足之处，恳请读者批评指正。

闫凤鸣

2022 年 12 月于郑州

目　录

第一章 化学生态学历史及现状、发展趋势

一、化学生态学的定义

化学生态学（Chemical Ecology），是生态学的分支学科，是研究生物间的化学联系及其机制，并在实际中加以应用的科学。化学生态学自从 20 世纪 50 年代末诞生以来，在理论和应用方面的研究成果，充分显示出这门学科强大的生命力和发展潜力。化学生态学的研究内容随着社会需要而不断丰富，研究手段随着时代发展而不断更新，是名副其实的交叉学科（闫凤鸣，2011）。随着分子生物学、生物化学、生理学、遗传学等学科理论和技术的不断渗入，化学生态学从传统意义上的化学和生态学的交叉学科，发展到涉及多学科的交叉学科。生物之间的化学联系现象得到了本质上的阐明，在实际中得到了广泛应用。

化学生态学的定义和研究范围有一个发展过程，这和社会的需要和技术的进步是紧密相连的。

1966 年，法国化学家 Florkin 就在《分子在适应性与系统发生中的作用》中指出"在生物化学的连续网络中，有一种明显的分子或大分子流，它们携带着一定量的信息。"这是科学家开始注意到生物之间的分子联系。

1970 年，美国的 Sondheimier 和 Simeone 主编出版了第一本《化学生态学》（*Chemical Ecology*）。此为"化学生态学"这个学科名称的第一次正式应用。

法国化学家 Barbier（1976）在《化学生态学导论》（*Introduction to Chemical Ecology*）第一次给出了化学生态学的规范定义。他认为化学生态学是"研究活着的生物间，或生物世界与矿物世界之间联系的科学"。Barbier 认为，化学生态学是最完整的生态学，有点类似于生物群落学，因为它涉及了种内和种间的关系。本定义认为，化学生态学是研究"生物与生物"及"生物与非生物"之间化学联系的学科，其中，"生物与非生物"之间的化学联系的研究，目前可以归为生理生态学的范畴。

国际化学生态学网站（https://www.chemecol.org/）给出的定义为：化学生态学揭示活的生物种内和种间相互作用的内在化学机制。所有的生物均可通过化学信号进行交流，而"化学语言"是生物进行交流的最古老的方式。化学生态学研究包括信息化学物质的鉴定和合成、化学信息受体和信号传导系统的阐释、化学信息对生物行为及生态学的影响等。

这里的定义，强调活的生物之间的化学联系及其机制，并给出了研究范围。

我们这里给出化学生态学的定义：

化学生态学属于生态学的分支，是化学和生态学的交叉学科，该学科不断吸收和利用生理学、生物化学、分子生物学、神经生物学、组学、生物信息学等的技术和成果，研究生物间的化学联系规律及其机制，并将学科原理加以应用。

以上定义是我们从学科发展的角度给出的，考虑到以下几个方面：第一，化学生态学属于生态学领域，而化学和生态学的融合是化学生态学最初的内涵，需要加以保留；第二，分子生物学技术的渗入，特别是组学技术的不断应用，深化了我们对于生物间化学联系规律的认识，丰富了化学生态学的内涵，同时也模糊了化学生态学和其他学科（如植物生理学、分子生物学）的界限，但其研究生物之间化学联系规律的目标并没有变化；第三，学科最初的定义包括了"生物之间"及"生物与非生物环境因素之间"的关系，现在基本上只包括生物之间（包括种内和种间）的化学联系和互作机制；第四，化学生态学的研究内容是应现实的需求而提出的，其取得的研究成果，应当应用到解决实际问题中。

二、化学生态学的产生与发展

1. 化学生态学的产生

化学生态学是在社会需要和技术支持的大背景下诞生和发展起来的（管致和，1991）。首先是社会问题催生了化学生态学的诞生。20 世纪 40～50 年代，有机农药（DDT、六六六等）的广泛应用导致了人畜中毒、害虫抗性、环境污染和残留以及害虫再度猖獗等问题的出现。1962 年，Carson 出版了著名的《寂静的春天》（*Silent Spring*）一书，引发了世界范围内的环境保护运动，人们认识到应该"以自然为师"，开始重视生物之间的化学联系规律。此后化学分析技术的进步推动了化学生态学的发展。20 世纪 50 年代末气相色谱和液相色谱的出现，使人们可以对微量的生物活性化学物质进行精确分析；触角电位和行为测定技术则为生物活性物质的筛选提供了保障。

Butenandt 等（1959）发现、分离和鉴定出蚕蛾醇（bombykol）鼓励和推动了化学生态学的诞生，而 Sondheimier 和 Simeone（1970）出版的国际上第一本《化学生态学》（*Chemical Ecology*）专著、1975 年创刊的《化学生态学杂志》（*Journal of Chemical Ecology*）和 1983 年成立的国际化学生态学会（International Society of Chemical Ecology，ISCE，网址：www.chemecol.org），均是化学生态学发展史上里程碑式的事件，标志着化学生态学已经独立成为生态学的一个分支学科。1997 年亚太化学生态学会（Asia-Pacific Association of Chemical Ecologist，APACE，网址：www.newapace.com）成立，许多国家也相应成立了各自的化学生态学相关的组织。

2. 化学生态学的发展阶段

化学生态学最初只是生态学与化学的交叉学科，随着科技的发展，不同的学科技术逐渐被引入。根据化学生态学研究开始引入新技术的时间，化学生态学的历史可以分为传统化学生态学、分子生物学应用、组学应用几个阶段。每个阶段的研究热点各有不同，但总体来说，化学生态学的研究内容和应用的传统技术手段还是相对稳定的。

（1）传统化学生态学阶段（20 世纪 50 年代末至 20 世纪 80 年代）　这个阶段的特点是以昆虫信息素的分离、鉴定、合成和应用开始，随后植物与昆虫关系成为热点研究领域，植物次生物质的功能开始得到重视。这个阶段的研究奠定了整个化学生态学研究的理论和技术基础，气相色谱和液相色谱及质谱技术得到广泛应用，触角电位（electroantennography，EAG）和单细胞记录（single sensillum recording, SSR）等电生理技术、风洞（wind tunnels）和各类嗅觉仪（olfactometer）等行为测定技术，得到了普遍运用（Harborne, 2001）。

（2）分子生物学应用阶段（20 世纪 90 年代至 21 世纪初）　在这个阶段，分子生物学技术全面引入化学生态学研究。以德国马·普协会（Max-Planck Society）为代表的科学家进行植物诱导抗性机制、植物的直接和间接防御及三级营养关系的研究，昆虫口腔分泌物中的激发子（如 volicitin）、植物防御物质（如蛋白酶抑制剂）和次生物质代谢通路以及乙烯、水杨酸和茉莉酸等信号物质成为热门研究内容。分子生物学技术渗透到化学生态学的研究领域，将化学生态学的研究推到了一个新的阶段（Seybold, 2004）。

（3）组学和多组学阶段（21 世纪初至今）　自从 1990 年人类基因组计划启动到 2000 年公布人类基因组草图，基因组学和生物信息学得到了长足发展，测序技术发展日新月异。已经获得了许多昆虫（家蚕 *Bombyx mori*、小菜蛾 *Plutella xylostella*、东亚飞蝗 *Locusta migratoria manilensis*、烟粉虱 *Bemisia tabaci* 等）、植物（水稻 *Oryza sativa*、油菜 *Brassica napus* 等）和其他生物的全基因组序列。2001 年更是启动了千种动植物基因组计划，更多的生物全基因组序列逐步公布。同时，蛋白组、转录组、代谢组、表观组等组学技术逐步成熟和得到广泛应用。化学生态学吸收和应用这些新技术，促进了在昆虫化学感受机制、植物活性次生物质的生物合成及其作用机制、植物抗逆性机制等方面的系统、全面和深入研究，揭示了生物之间化学联系及其遗传机制的全貌（Baudino et al., 2016），为调控生物之间化学关系、生物行为和作物抗性奠定了基础。

化学生态学理论和技术在生物多样性保护、多层级互作研究、内共生菌生态功能研究等方面发挥着重要作用，同时这些方面的研究也在不断充实着化学生态学的理论体系。

三、化学生态学的意义

1. 理论意义

（1）化学生态学的理论和实践充实了生态学的科学内涵　生物间的关系，其实就是化学关系。从这个观点出发，化学生态学与宏观生态学和微观生态学都有密切关系。由于化学生态学涉及各个生物类群，特别是植物与植物、植物与动物、动物与动物相互之间的化学关系，使得人们重新认识生物相互关系的内在机制，尤其是生态学中种群、群落结构和生态位理论。传统生态学家往往对生物分布型进行统计分析，对生物的食性进行描述，对生物的行为进行观察，而不清楚这些生态现象背后的根本原因。化学生态学的研究发现，化学关系是生物间联系的重要方式，信息化学物质将各种营养层次的生物和没有营养关系的生物都联系了起来，形成一个巨大的化学信息网。

（2）化学生态学的研究对生命科学领域有着重要影响　生物对信息化学物质的感受机制，是化学生态学研究的重要内容，这些研究成果将对人类脑功能的认识产生重大影响。化学生态学涉及的生物关系和进化关系，将为现代进化论提供典型事例，化学生态学所总结出的生物协调关系的规律，将充实进化论的理论体系。

（3）化学生态学为生物多样性保护提供理论依据　化学生态学研究生物间的化学联系及其机制，强调生物之间既竞争又协调的关系，而且这种关系涉及不同生态位的许多生物，而其中任何一种生物的受损，必将影响整个生态系统的功能。这就为保护生物多样性提供了理论依据。

2. 应用价值

化学生态学的研究从一开始就是从应用的角度出发的，因此，化学生态学的成果正在应用于解决有害生物综合治理、医疗卫生、环境保护、外来入侵生物控制等实际问题中。

首先，化学生态学研究将为农林牧病虫害防治提供理论根据和方向，实际上，化学生态学所涉及的生物活性物质，很自然地成为生物农药开发的目标。生物农药的应用将减少或替代化学农药的使用，减缓病虫抗药性，保护病虫害的天敌资源，从而保护人类自身免受化学农药毒害，保护生态环境和保证自然资源的可持续利用。化学生态学的一些研究成果（例如性信息素）已经进入开发应用阶段；对于吸引剂、拒斥剂、拒食剂的研究，有着明确的应用目的和开发前景。

其次，化学生态学所研究的生物信息物质，可以在透彻知晓其控制基因、生物合成途径的基础上，通过生物技术的手段，在有经济价值的生物体上调控其表达（沉默或过表达），以调节生物之间的化学关系，增强作物抗性或免疫力。也可通过细胞培养技术培育含有生物活性物质的品系。

四、化学生态学的主要研究方向

化学生态学重点研究：化学信息及其感受机制，昆虫信息素，动物（主要是昆虫）和植物的关系，多级营养关系，植物化感作用，植物诱导抗性，高等动物及人的化学感受，化学生态学应用，以及化学生态学的试验技术等。

1. 化学感受机制（Chemoperception mechanisms）

生物间的化学通信联系，离不开对于化学信息的接受、传递、加工和行为输出。这些过程，就是化学感受机制研究的内容。一方面研究感受器官（如昆虫触角）的形态和功能，另一方面研究化学信号的传递过程及其机制（包括化学物质类型和信号类型的联系，神经信号的传递方式和物质基础）。

2. 昆虫信息素的研究和应用（Researches and applications of insect pheromones）

化学生态学早期的研究，差不多都是关于昆虫性信息素的分离、鉴定、合成和应用的。我们对很多昆虫目的信息素都进行了研究，但涉及最多、目前应用最广的是鳞翅目昆虫。从 20 世纪 80 年代开始，昆虫信息素的研究技术已经成熟，开始进行商业化阶段，目前在农业、林业和果园昆虫的预测预报、交配干扰和大量诱捕方面都已经开始应用，效果也是非常明显的。

3. 植物诱导反应和诱导抗性（Induced response/resistance of plants）

植物受害后会增强"免疫力"，表现为受害部位合成防御化学物质，或从别的部位将现有的化学物质转运到受害部位，有时还释放特殊的挥发性化学物质，吸引害虫天敌。植物是如何感知伤害的？植物如何区分不同类型的伤害而做出不同的反应？受害信息是如何从一个部位传递到别的部位的？这些信息物质是什么？对植物诱导抗性机制的研究，可以为人们利用自然规律增强作物抗性开辟一条新的途径。

4. 生物多级营养关系（Tritrophic interactions）

植物与昆虫的关系的研究始终是化学生态学的热点之一，因为农林和园艺作物上有许多昆虫为害，对这些昆虫的治理，单纯依靠化学防治会造成许多环境和社会问题，必须考虑利用自然控制的因素，包括利用植物本身的抗性，这就涉及植物如何利用物理的和化学的手段防御昆虫，昆虫如何克服这些屏障的机制问题，也就是植物和昆虫的协同进化问题。还有植物和昆虫"双赢"的特例，也是自然界中和谐关系的典范，这就是"美的两极"的集合——昆虫与花的关系的研究，将为传粉昆虫保护与利用提供理论基础。这些问题的研究，不仅可以为作物抗性育种提供理论依据，而且可以直接开发利用植物或昆虫的化学物质，作为生物源农药。

植物 – 植食性昆虫 – 天敌的关系、植物 – 微生物 – 昆虫的关系为人类认识生物群落规律和病虫害综合治理提供了新的视点。地上生物与地下生物通过植物所建立的互作关系、内共生菌在调控昆虫生理、生态和行为中的作用等，是近年来发展起来的新研究热点。

5. 植物化感作用（Plant allelopathy）

植物之间通过化学物质相互影响，这种现象叫植物化感作用。在农林生产中，化感作用的例子很多，对这方面规律的研究有助于提高作物产量，避免杂草生长，关系到作物布局和间作、轮作。植物化感作用化合物是如何进入环境并运转到邻近植物的？植物是如何感知其他植物的化学物质的？植物化感作用的机制、应用和研究方法，均是本方向的研究内容。

6. 海洋生态系统化学生态学（Chemical ecology in marine ecosystems）

海洋水生动植物的化学通信联系方式及其机制的研究属于化学生态学中的薄弱环节。了解海洋环境的化学信号性质、化学防御的机制以及化学物质调节海洋生物生活史的机制，有助于我们深入了解推动海洋生态系统演化的动力。要解释化学信号会引起机体特殊的生物学反应，就必须明确化学物质产生和扩散的机制。海洋生物用于通信或防御的化学物质是进行医药和生物农药开发的极好材料。海洋中所蕴藏的巨大生物资源有待人们去探索和开发。

7. 脊椎动物和人的化学生态学（Chemical ecology of vertebrates and mankind）

脊椎动物在农林有害生物防治、畜牧繁育和野生动物管理方面有着极大的研究价值，但这方面的化学生态研究相对薄弱，也比较分散。对人本身的化学联系规律的研究，有助于改善人们之间的关系和辅助进行某些医学治疗。近年来，医学昆虫如蚊虫、蜱虫等与脊椎动物和人的化学信息联系及其在传播病原中的机制研究，正受到越来越多的关注，其研究结果对于虫媒病的预防和控制发挥了越来越大的作用。

8. 化学生态学技术研发（Technological development for researches and applications）

技术的应用曾经而且还将继续改变着化学生态学的面貌。化学色谱和质谱技术帮助人们检测到极微量的信息化学物质，而生物测定技术（包括 EAG、SSR、气相色谱与昆虫触角电位联用系统 GC-EAD 等电生理技术和风洞、嗅觉仪等行为技术）和田间试验技术（如缓释技术、诱捕装置等）为信息化学物质的应用提供了技术基础。目前，分子生物学、生物技术及组学技术促进了化学生态学机制研究和应用，如"反向化学生态学（Reverse Chemical Ecology）"技术可从受体蛋白筛选出活性信息化学物质。化学生态学的持续发展，离不开技术的不断改进和研发，如信息化合物的高通量快速筛选技术和配方设计技术、高效测定生物行为反应的技术、与不同取食行为相配套的生物技术等。

五、化学生态学的发展趋势

化学生态学，作为一门典型的生态学领域的交叉学科，在生命科学、作物抗性、农林有害生物防控及天敌保护、生物多样性保护、作物和动物、人类病媒防控等领域的基础理论和技术研发等方面已取得了许多重要的研究成果，展示了良好的发展前景。特别是近年来，年轻一代从事化学生态相关研究的人才不断增加，我国化学生态学领域高水平论文引人注目，特别在生命基础科学和虫媒病原基础领域，化学生态学相关研究内容逐渐增多，而且水平较高。

随着分子生物学技术和组学技术的全面应用，化学生态学研究已经进入分子时代和组学（多组学）时代。我国化学生态学研究，既要紧跟和引领国际化学生态学的前沿，又要保持中国特色，立足国家重大需求，坚持利用传统和现代技术解决化学生态学应用上的瓶颈问题。

　　目前，我国开展的生态保护、乡村振兴、"双碳"（碳达标、碳中和）行动，既是化学生态学的新机遇，也是新挑战。同时，应对全球生态学问题（气候变暖、二氧化碳浓度升高、环境污染等）、粮食安全问题和人类卫生健康问题，也是化学生态学工作者的责任。化学生态学应社会需要而产生、而发展，也必将为 21 世纪经济和社会的可持续发展提供理论指导和产品技术支撑。

第二章　我国化学生态学发展历程

一、我国化学生态学研究历史

我国历史悠久，劳动人民在与自然做斗争的过程中，逐步形成了朴素的生态思想。中国传统的"天人合一""道法自然"的思维方式，与化学生态学中生物相互联系、相互作用的观点不谋而合，因此，化学生态学在中国有着哲学思想基础和思维传统。古代劳动人民早就知道利用蒿草的气味驱避蚊虫，北魏贾思勰的《齐民要术》中就已经提到抗虫品种的选择，3000多年前人们就开始使用植物性杀虫剂。菌毒和植物源毒素对人和家畜的毒性已经人所共知了。人类也早就认识了蜂毒、蝎毒和蜘蛛毒的性质，并在医药开发、疾病防治中加以应用。

20世纪中期产生的化学生态学，其理念与我国传统思维方式相契合，因此，我国化学生态学的研究和应用，几乎和国际化学生态学发展同步。老一辈科学家对我国化学生态学发展的贡献和支持，为我们开展相关工作奠定了非常好的基础。我国自20世纪70年代即开始进行昆虫性信息素的研究和应用，如杜家纬进行了多种鳞翅目昆虫性信息素的鉴定、合成及田间应用，并主要参与解决了我国发生的玉米螟优势种及其分布问题；赵成华研究员进行了亚洲玉米螟信息素的生物合成途径的研究；赵善欢院士研究了印楝素的开发应用；中国科学院动物研究所钦俊德院士开辟了昆虫与植物关系研究的领域；严福顺研究员较早利用昆虫触角电位技术；北京大学陈德明教授对松毛虫性信息素（当时称为性外激素）进行了系统研究和利用；吴才宏教授和罗林儿教授进行了电生理技术研发；李绍文教授在生态生物化学方面的研究；中国农业大学（当时为北京农业大学）管致和教授很早就重视化学生态学的发展和人才培养；华南农业大学庞雄飞院士和中国农业科学院植物保护研究所郭予元院士非常支持化学生态学研究；中国农业科学院茶叶研究所陈宗懋院士20世纪90年代开创了茶树害虫化学生态学研究领域；河南农业大学马继盛教授、原国辉教授20世纪八九十年代就开始利用杨树枝把诱杀棉铃虫等鳞翅目昆虫并研究其化学生态机制。

20世纪80年代开始，我国学者出版了一系列化学生态学相关的学术著作。钦俊德（1987）出版的《昆虫与植物的关系——论昆虫与植物的相互作用及其演化》，涉及植物

次生物质在植物 – 昆虫协同进化中的作用，是化学生态学及昆虫生理生态学的经典文献；杜家纬（1988）出版了《昆虫信息素及其应用》；管致和与黄新培（1990）翻译出版了《昆虫化学生态学》，率先在农林高校为研究生开设了化学生态学课程、培养化学生态学博士研究生，并于 1991 年发表了《化学生态学及其发展战略研究》一文；李绍文 1987 ~ 1991年在《生态学杂志》上连载文章《生态生物化学》，从生物化学的角度，介绍了自然界中生物间的化学联系的实例及其生态学功能，并于 2001 年出版《生态生物化学》。

进入 21 世纪，我国学者开始对化学生态学进行系统的理论总结。2001 年孔垂华、胡飞主编的《植物化感（相生相克）作用及其应用》（中国农业出版社出版），闫凤鸣出版了包括原理和方法的《化学生态学》（科学出版社出版，2003 年第 1 版，2011 年第 2 版），2010 年孔垂华、娄永根主编《化学生态学前沿》（高等教育出版社出版），2016 年孔垂华、胡飞、王朋著《植物化感（相生相克）作用》（高等教育出版社出版），2013 年陈宗懋主编出版《茶树害虫化学生态学》（上海科学技术出版社出版）。

我国学者在化学生态学及相关领域取得的研究成果，很多都是以论文的形式呈现的，论文的档次不断提高，研究成果近年来呈现井喷式爆发，在国际上产生了重要影响，提高了我国学者在国际上的声誉。我国科技人员和相关公司开展了多种昆虫信息素和植物化学成分在害虫预测、交配干扰等方面的商业化应用。

我国从事化学生态学的专业人员不断增加，涉及高等院校、科研院所、公司等，对经济社会发展做出了积极贡献，为生物多样性保护、有害生物绿色防控、环境生态保护等提供了理论基础和产品服务，在国内外产生了重要影响。

二、化学生态专业委员会的建立和发展

中国生态学学会、中国昆虫学会和中国植物保护学会分别成立了化学生态学相关的专业委员会。中国生态学学会化学生态专业委员会于 1990 年 12 月在北京成立，中国昆虫学会于 2018 年成立了化学生态学专业委员会，自那时起，两个学会的化学生态专业委员会每两年共同组织一次全国性的化学生态学研讨会。此外，中国植物保护学会于 2005 年 11月成立植物化感作用专业委员会。

化学生态专业委员会的主要任务为：组织国内外学术交流与合作；开展技术咨询、技术服务与技术推广；生态学及化学生态学的科普宣传；化学生态学后备力量的培养等。两个学会的专业委员会每两年举办一次全国性学术交流会议，不定期组织一些小型双边或多边的国际学术交流，提高本国学者的学术水平和业务能力。组织本领域专家参与地方科普活动，扩大学会影响力。组织和加强本领域科技工作者间的科研合作与交流，为国家急需解决的科学技术问题建言献策。为本领域科技成果的转化牵线搭桥，促进化学生态研究成果的转化。

中国生态学学会化学生态专业委员会自 1990 年成立以来，共组织举办了 12 届全国领

域的化学生态学学术会议，会议规模从初期的四五十人发展到五六百人；组织发起亚太化学生态学学会的成立，承办第一届（1999，上海）、第六届（2011，北京）、第十届（2019，杭州）亚太化学生态学学术会议。这些会议有力促进了我国化学生态学科研水平的提高，增进了我国学者与国际学者的交流，让世界充分了解了我国化学生态学领域所取得的重要进展。

引导生态化学领域科研工作者紧紧围绕国家急需解决的科学技术问题开展科学研究和应用技术研究，承担国家重点研发计划、国家973项目、国家自然科学基金等科研项目，鉴定了一大批重要农作物害虫、经济作物害虫、外来入侵害虫的信息素成分，应用信息素监控、防治害虫的方法，为我国有害生物绿色防控、环境生态保护做出了重要贡献。近10年来，以知识讲座、主题参观、媒体宣传、发放资料等形式开展科普活动千余次。

三、我国历届化学生态学学术研讨会基本情况

1991年10月，中国生态学学会化学生态专业委员会成立后在上海召开了首届学术交流会，到会代表52人，收到论文47篇，编辑出版了论文集。

1993年4月8～9日，化学生态学专业委员会在北京召开换届会议，并进行了小规模的学术交流，算是第二届化学生态学学术交流会。会上委员们介绍了国内外化学生态学发展动态和各自所从事的研究工作，沟通了信息，并对化学生态专业委员会的宗旨作了进一步讨论与明确。

1998年4月12～15日，在河南郑州召开了第三届学术讨论会，到会代表62人，收到论文40余篇，编辑出版了论文集。

2002年6月17～19日，在云南昆明召开了第四届学术研讨会，到会代表40余人，收到论文43篇，编辑了论文摘要集。

2005年5月10～12日，在广东珠海召开了第五届学术研讨会，到会代表97人，收到论文73篇，编辑了论文摘要集。

2007年4月20～23日，在浙江杭州召开了第六届学术研讨会，到会代表171人，收到论文123篇，编辑了论文摘要集。

2008年10月22～25日，在北京召开了第七届学术研讨会，到会代表224人，收到论文102篇，编辑了论文摘要集。首次邀请国外专家参加会议。

2010年10月9～12日，在上海召开了第八届学术研讨会，到会代表234人，收到论文122篇，编辑了论文摘要集。邀请了来自6个国家的专家参会。

2012年8月15～18日，在辽宁沈阳召开了第九届学术研讨会，到会代表106人，收到论文43篇，编辑了论文摘要集。邀请了部分国外专家参会。

2014年10月25～27日，在江西南昌召开了第十届学术研讨会，由中国生态学学会化学生态专业委员会主办，江西农业大学、江西省昆虫学会承办。本次会议的主题是"生

命活动与化学联系"。包括来自美国、日本在内近 200 位国内外化学生态领域的专家学者和科技工作者参加了会议。

2016 年 7 月 22～24 日，在湖北武汉召开"全国第十一届化学生态学学术研讨会"。本次会议由中国生态学学会化学生态专业委员会和中国昆虫学会化学生态学专业委员会主办，华中农业大学、湖北省昆虫学会承办。本次会议的主题是"自然·社会·化学生态"。

2018 年 6 月 22～25 日，在福建福州市召开"全国第十二届化学生态学学术研讨会"。本次会议由中国生态学学会化学生态专业委员会和中国昆虫学会化学生态学专业委员会主办，福建农林大学、闽台作物有害生物生态防控国家重点实验室、福建省昆虫学会承办。会议邀请到 Kanji Mori，Ted Turlings，Matthias Erb，Yukio Ishikawa，Junwei Zhu，Peter Witzgall，Giovanni Galizia 等国际著名化学生态学家做特邀报告。

2009 年 12 月 11～17 日，化学生态专业委员会于河南郑州举办了化学生态学技术培训班。培训内容包括样品制备及化学分析、电生理技术（昆虫触角电位、GC-EAD、昆虫刺吸电位）、生物测定等 8 个试验，郭予元院士、杜家纬研究员、吴才宏教授、黄勇平研究员、娄永根教授、孔垂华教授、张真研究员、曾任森教授、原国辉教授、张茂新教授、闫凤鸣教授等分别为学员做了报告，来自全国高等院校、科研院所的 70 名研究生和研究人员参加了技术培训。

四、化学生态专业委员会承办的亚太地区化学生态学会议

1999 年 11 月 1～4 日，在上海召开了第一届亚太地区化学生态学会议，到会代表 150 余人，其中国外代表来自 20 个国家 100 余人，国内代表 50 人，收到论文 130 多篇，编辑了论文摘要集。

2011 年 10 月 11～15 日，在北京召开了第六届亚太地区化学生态学会议，到会代表来自 17 个国家和地区，共 252 人，其中国外代表 96 人。会议安排了 6 个主题报告，组织了 128 个专题报告。

2019 年 10 月 9～13 日，在杭州市召开了第十届亚太地区化学生态学会议。来自中国、美国、日本、德国、英国、瑞士、瑞典、马来西亚、阿根廷等 23 个国家的 309 名代表出席了会议，其中国外代表 69 名。会议共设立"植物－昆虫互作的信号通路及感知""昆虫信息素识别的分子机制""有机体间的化学通信"和"分子化学生态学"等 13 个分会场，162 位学者围绕这些主题做了口头报告；此外，会议共展出墙报 66 个。

第三章 我国化学生态学代表性团队及其主要研究方向

一、我国化学生态学团队的基本情况

由于化学生态学交叉学科性质，分子生物学技术和组学技术的持续应用，特别是农林生产过程中不断提出的质量提升、环境保护及病虫草害绿色防控等研究课题，从事化学生态学研究的单位和人数不断增加，从参加全国化学生态学研讨会的人数就可看出研究队伍不断壮大，从最初的几十人到近些年的 300 多人，特别是年轻科研工作者纷纷加入化学生态学的研究队伍。

我国化学生态学研究队伍既有长期历史传承的团队，也有在发展过程中形成的新团队。根据目前中国生态学学会化学生态专业委员会和中国昆虫学会化学生态学专业委员会委员所在研究团队的现状统计，我国化学生态学的研究主要集中在高校（占 64%）、中国科学院（占 16%）、中国农业科学院和中国林业科学研究院（占 12%），还包括一些化学生态学应用开发公司，如中捷四方、宁波纽康等。

从地区来看，华北、华东、华南、华中依然是化学生态学研究的主要地区，东北、西北和西南地区研究团队相对较少，这既与这些地区的高校和科研院所分布相关，也与经济发展水平相关。

团队带头人的年龄，大部分是 60 后、70 后和 80 后，共占 36%。各个团队的组成上，80 后及 90 后占比较大，故我国化学生态学的发展是有后劲的。

二、我国主要化学生态学团队及其研究方向

近年来，随着我国化学生态学队伍不断壮大，化学生态学相关的研究成果不断增多，本书无法涵盖所有的研究人员和研究进展。限于篇幅，这里主要以中国化学生态学学会化学生态专业委员会和中国昆虫学会化学生态学专业委员会委员为主，介绍我国主要化学生态学团队及其研究方向（以团队带头人姓氏拼音为序）。各个团队详细情况及其研究方向、

代表性研究成果等，请见本书附录 2。

（1）陈立团队（河北大学），主要以红火蚁、金龟子、蚜虫为模式昆虫，研究领域着重于昆虫行为的化学和分子调控机制。

（2）董双林团队（南京农业大学），鉴定重要农林害虫性信息素、聚集信息素等昆虫信息化合物，并研究这些化合物在害虫测报和防治上的应用技术；鉴定昆虫嗅觉和味觉的功能基因，研究化感蛋白 – 功能底物间的构效关系。

（3）韩宝瑜团队（中国计量大学），主要研究茶树 – 害虫 – 天敌的互作机制及高效生物防治制剂研制。研究内容主要有：茶树 – 害虫（叶蝉、茶尺蠖、茶蚜）– 天敌（缨小蜂类、绒茧蜂类、蚜茧蜂、根虫瘟霉）三级营养之间化学通信机制、重要信息素产生及其作用的分子机制；研制害虫和天敌植物源引诱剂或性诱剂及其调控技术。

（4）黄勇平团队（中国科学院植物生理生态研究所），主要研究方向之一是性别决定与行为调控，研究内容包括鳞翅目昆虫（家蚕、小地老虎和小菜蛾等）性别决定级联通路调控机制，性别决定基因调控行为的分子机制，行为调控的嗅觉识别的分子机制等。

（5）刘德广团队（西北农林科技大学），主要研究内容包括农林害虫（如苹果小吉丁虫 *Agrilus mali* 等）嗅觉识别的分子机制，重大农业害虫麦长管蚜 *Sitobion avenae* 响应干旱缺水胁迫的分子基础，以及麦类作物次生代谢物的杀虫活性机制等。

（6）娄永根团队（浙江大学），长期围绕水稻诱导抗虫反应的分子机制及其生物学 / 生态学功能开展研究，重点剖析茉莉酸、水杨酸、乙烯和丝裂原活化蛋白激酶 MAPK 等防御信号途径以及相关受体、转录因子在调控水稻诱导抗虫反应中的作用，鉴定害虫激发子 / 效应子以及探索挥发物在影响水稻 – 害虫 – 天敌三级营养关系中的作用。在此基础上，发掘重要的功能基因与生态功能分子，开发基于昆虫行为和植物抗性调控的害虫防控新技术。

（7）陆鹏飞团队（北京林业大学），主要研究方向为森林昆虫化学生态学，研究内容涵盖外来入侵种生态调控以及林果害虫及其寄主植物间化学通信和分子调控机制。

（8）苗雪霞团队（中国科学院植物生理生态研究所），主要从事植物抗虫和害虫防治相关的研究。在植物抗虫领域，本团队主要以水稻和稻飞虱为研究体系，以水稻抗虫种质资源和水稻突变体为研究材料，通过抗虫基因克隆、功能验证及抗虫机制分析，研究基因的生理功能及其参与的代谢调控网络，阐明植物抗虫的分子机制，验证水稻的抗虫性与产量、品质间的关系，为抗虫基因在水稻育种中的应用提供理论依据。在害虫防治领域，以亚洲玉米螟、棉铃虫等重要农业害虫为研究对象，利用反向遗传学手段获得害虫生长发育过程中的关键调控基因，研究基因的功能，探索将靶标基因应用于害虫无公害防治的可行性。

（9）庞保平团队（内蒙古农业大学），主要从事亚洲小车蝗、沙葱萤叶甲、牧草盲蝽等草原害虫发生规律、成灾机制及绿色防控技术的研究。

（10）孙江华，赵莉蔺团队（中国科学院动物研究所 / 河北大学），主要以化学生态和分子生物学技术为手段研究"寄主植物－害虫－伴生真菌－细菌"间多营养级互作和入侵害虫的入侵机制。通过多年的努力，研究组在松材线虫和红脂大小蠹两个研究对象上已经初步建立起了研究信息化合物介导多物种互作的研究体系。

（11）孙晓玲团队（中国农业科学院茶叶研究所），从事昆虫与茶树互作关系的化学与分子机制、利用化学生态学原理治理茶树害虫及抗性品种选育等方面的研究工作，重点揭示虫害诱导茶树防御反应以及害虫应对茶树防御反应的化学与分子机制，以及进行茶树种质资源的抗性鉴定及抗性品种选育和创制。

（12）谭垦团队（中国科学院西双版纳热带植物园），立足于生物多样性丰富的大西南地区，致力于传粉昆虫的保护和利用。主要研究蜜蜂对外界不良环境（有毒花蜜、农药等）的响应机制；蜜蜂与花、蜜蜂与天敌的协同进化机制。

（13）王琛柱团队（中国科学院动物研究所），研究内容主要是阐明寄主植物－植食性昆虫－寄生蜂三级营养相互作用的生理基础，揭示两性间性信息素联系的分子机制，检验和发展生物协同进化理论，寻找与环境相容的持续控制害虫的新方法和新途径。

（14）王桂荣团队（中国农业科学院植物保护研究所），主要针对我国重要农业害虫棉铃虫、玉米螟、蚜虫等，综合利用生物信息学、分子生物学、电生理学和组学技术，对其嗅觉识别的分子机制和神经机制进行研究。主要研究方向包括：昆虫嗅觉编码的分子机制及应用；寄主－害虫－天敌互作机制。

（15）王满囷团队（华中农业大学），以农林重要害虫为研究对象，重点研究植物－土壤－微生物－重要病原／害虫互作关系及生态调控机制，解析作物抵御多种生物与非生物逆境的分子机制，探索昆虫嗅觉感受的分子机制，发展有害生物生态调控技术。

（16）魏洪义团队（江西农业大学），主要研究方向为毒剂对螟蛾性信息素通信系统的影响。近年来主要以昆虫为动物模型，对重金属胁迫下如何影响昆虫生长发育、生殖行为、生理等进行了研究，并对其分子机制进行了初步探究，着重研究了重金属胁迫对昆虫性信息素通信系统的影响。

（17）魏建荣团队（河北大学），重点研究林木蛀干害虫、果实害虫化学生态、蛀干害虫生物防治。近年来在林木蛀干害虫光肩星天牛与桃红颈天牛化学生态学方面进行了较为深入的研究。

（18）吴建强团队（中国科学院昆明植物研究所），有两个研究方向：以玉米为主要研究对象，探究玉米抵御主要害虫的分子机制；以菟丝子为研究模型，探究寄生植物与寄主植物的互作，如菟丝子连接的不同寄主之间相关信号以及这些信号的生态学意义等。

（19）闫凤鸣团队（河南农业大学），主要研究刺吸式昆虫与植物相互关系、病毒－介体－植物互作关系的化学生态学，以及棉铃虫和烟青虫的信息素生物合成、味觉感受和神经生物学。

（20）严善春团队（东北林业大学），研究病虫害进化变异和寄主林木易感机制，探索病虫害早期检测、诊断、预警和诱导增强抗性新技术，研发昆虫生长发育生态调控技术及行为干扰技术。

（21）曾任森团队（福建农林大学），研究领域涉及植物之间、植物与微生物以及植物与昆虫之间化学相互关系等。重点研究作物抗虫的化学生态学机制；作物营养（硅和氮）、有益微生物、栽培措施和生物多样性对作物抗性和种间化学关系的影响；揭示作物抗性形成和警备（priming）激活机制，通过提高农作物自身的抗性进而减少农药的使用。

（22）张龙团队（中国农业大学），主要进行蝗虫化学感受机制研究，从感器、神经元、分子水平研究飞蝗的化学感受的分子机制，最先在蝗虫和其他直翅目昆虫中鉴定出气味分子结合蛋白、气味分子受体、离子型受体等，并且对其性质和功能开展了研究。

（23）张茂新团队（华南农业大学），重点研究植物源活性物质的分离、鉴定及其对植食性昆虫的化学防御机制。分离、鉴定苦瓜素类活性化合物，深入研究活性化合物的杀虫作用机制，寻找新的昆虫拒食活性物质；以入侵检疫性非嗜食植物为研究对象，重点研究不同组分提取物对黄曲条跳甲、小菜蛾、斜纹夜蛾、美洲斑潜蝇等重大农业害虫的化感作用，在此基础上研发了一系列利用化学生态功能分子防控害虫的先进技术。

（24）张茜团队（河南大学），主要研究方向为植物－害虫－天敌互作、害虫生物防治。以玉米为主要研究对象，围绕植物－害虫－天敌的相互作用关系，综合昆虫生态学、行为学、生物化学与分子生物学等多学科研究手段，解析植物抗虫分子机制以及天敌提高自身寄生能力的多种有效策略。

（25）张真，孔祥波团队（中国林业科学研究院森林生态环境与保护研究所），主要研究以松林、云杉林和杨树林为主的生态系统中害虫暴发机制和生态调控技术，重点研究对象包括松毛虫和小蠹虫等食叶害虫及蛀干害虫。以组学和化学生态学技术为研究手段，从害虫与寄主植物及环境关系入手，研究害虫发生及暴发的分子机制及化学生态学机制；同时针对我国重大生物灾害研究精确快速的自动化检测和监测技术，研发害虫可持续调控新技术；并结合人工智能、大数据等新技术及已有技术，形成害虫综合治理技术体系。

（26）中捷四方崔艮中团队（北京中捷四方生物科技股份有限公司），主要研究方向为微量生物信息物质的开发、产品化及应用技术。研究内容包括成果转化及自主研发；昆虫信息素的剂型开发和合成开发；昆虫信息素配套装置的开发优化；植物信息素／植物化感物质的开发；微量生物信息物质的应用研究。

（27）周琼团队（湖南师范大学），主要开展昆虫的嗅觉行为及其化学感受机制、检疫性害虫综合治理以及资源昆虫利用研究。主要研究对象包括柑橘大实蝇、巨疖蝙蛾、黑水虻、东方芒蝇、玉带凤蝶、齿缘刺猎蝽、橘小实蝇及其他瓜果实蝇、外来入侵昆虫等。围绕昆虫嗅觉相关（昆虫与植物的相互关系、昆虫性信息素）的基础和应用研究，开展有害昆虫综合治理、资源昆虫综合利用，以及对昆虫物种多样性、分子鉴定和不同地理种群的遗传多样性分析等方面的研究工作。

三、我国主要化学生态学团队代表性研究成果

（以团队负责人姓氏拼音为序）

陈立（河北大学）

1. 主要研究方向及内容

研究领域着重于昆虫行为的化学和分子调控机制。主要以红火蚁、金龟子、蚜虫为模式昆虫，研究信息化学物质调控的昆虫行为和嗅觉机制、蚂蚁毒液的进化和生态学功能、蚂蚁行为的基因调控、蚂蚁多后型的基因调控和形成机制、红火蚁 – 棉蚜的共生关系、植物 – 昆虫的协同进化，昆虫引诱剂的研发等。

2. 代表性成果

红火蚁跟踪信息素化学成分的鉴定

为了确定红火蚁跟踪信息素的化学成分，首先用正己烷提取工蚁身体粗提物，利用制备液相色谱技术（pre-HPLC）对工蚁身体粗提物中的跟踪信息素流分进行分离纯化，得到了高纯度的 α–farnesene 和 α–homofarnesene 流分。利用 GC–MS 和 NMR 鉴定跟踪信息素流分中的化学成分，并与合成的 Z, E–α–farnesene、E, E–α–farnesene、Z, E–α–homofarnesene、E, E–α–homofarnesene 标样进行比对，确定跟踪信息素流分以及 Dufour gland 提取物中得到的信息素成分为 Z, E–α–farnesene、E, E–α–farnesene、Z, E–homofarnesene 和 E, E–α–homofarnesene 4 种物质，未发现 allofarnesene。从而明确了红火蚁跟踪信息素的化学组成。

红火蚁信息化学物质调控的蚜 – 蚁共生关系维持机制

以重大入侵害虫红火蚁 Solenopsis invicta 和世界性农业害虫棉蚜 Aphis gossypii 的共生体系为对象，深入研究了红火蚁信息化学物质在其与棉蚜的共生互作中发挥的作用，以及该作用对维持共生关系的意义。

首先，红火蚁信息化学物质调控棉蚜的行为。发现抑制棉蚜爬行扩散的是跟踪信息素组分中的 Z, E–α–farnesene 和 E, E–α–farnesene，而 Z, E–α–homofarnesene 和 E, E–homofarnesene 则不具备该作用。

其次，无翅棉蚜可以感知共生红火蚁工蚁的气味物质。测试跟踪信息素流分中的 4 个成分，发现 Z, E–α–farnesene 和 E, E–α–farnesene 可以引起棉蚜触角电生理反应，但另两种物质 Z, E–α–homofarnesene 和 E, E–α–homofarnesene 则不能。以上研究结果表明，红火蚁的跟踪信息素可能是红火蚁 – 棉蚜共生关系中起关键作用的信息化学物质。

接着，在室内以棉花（Gossypium hirsutum）为寄主植物，观察跟踪信息素对棉蚜种群的影响。结果表明，在跟踪信息素流分的作用下，棉蚜种群的增长速度明显加快。其中，起到关键作用的物质为跟踪信息素的主要成分 Z, E–α–farnesene，而低剂量的微量成分 E,

E-α-farnesene 则没有显示出该作用。

最后，抑制棉蚜扩散和刺激棉蚜生殖是跟踪信息素促进共生棉蚜种群数量快速增长的机制。在 Z, E-α-farnesene 处理下，观察棉蚜在棉花上的移动情况。结果表明，跟踪信息素对棉蚜扩散的抑制作用和生殖的促进作用是导致寄主植株上棉蚜种群数量增长的原因。

3. 代表性论文

Chen L, Morrison LW. Importation biological control of invasive fire ants with parasitoid phorid flies—progress and prospects. *Biological Control*, 2021, 154: 104509.

Chen L., Porter S.D. Biology of *Pseudacteon* decapitating flies (Diptera: Phoridae) that parasitize ants of the *Solenopsis saevissima* complex (Hymenoptera: Formicidae) in South America. *Insects*, 2020, 12(2): 107.

Chen L., Fadamiro H. Y. *Pseudacteon* phorid flies: host specificity and impact on *Solenopsis* fire ants. *Annual Review of Entomology*, 2018, 63: 47–67.

Chen L., Mullen G. E., Le Roch M., Cassity C. G., Gouault N., Fadamiro H. Y., Barletta R. E., O'Brien R. A., Sykora R. E., Stenson A. C., West K. N., Horne H. E., Hendrich J. M., Rui K., Davis J. H. Jr. On the formation of a protic ionic liquid in nature. *Angewandte Chemie-International Edition*, 2014, 53(44): 11 762–11 765.

Xu T, Xu M, Glauser G, Turlings TCJ, Chen L. Revisiting the chemical characterization of the trail pheromone components of the red imported fire ant, *Solenopsis invicta* Buren. *Molecules*, 2021, submitted.

Xu T, Xu M, Lu Y, Chen L, Turlings TCJ, Zeng RS, Sun J. A trail pheromone mediates the mutualism between ants and aphids. *Current Biology*, 2021, https://doi.org/10.1016/j.cub.2021.08.032.

Xu T, Chen L. Chemical communication in ant-hemipteran mutualism: potential implications for ant invasions. *Current Opinion in Insect Science*, 2021, 45: 121–129.

董双林（南京农业大学）

1. 主要研究方向及内容

鉴定重要农林害虫性信息素、聚集信息素等昆虫信息化合物，并研究这些化合物在害虫测报和防治上的应用技术；鉴定昆虫嗅觉和味觉功能基因，研究化感蛋白 – 功能底物间的构效关系，为新型昆虫行为调控技术提供分子靶标和活性化合物筛选模型；研究植物 – 植食性昆虫间的互作关系及其分子机制，揭示植物 – 害虫间的协同进化机制，为害虫防治提供新思路和新靶标；研究化学感受对昆虫取食和生殖行为的调控作用及分子与神经机制，为开发害虫取食和生殖行为控制新策略提供基础；解析卵寄生蜂与寄主昆虫间的化学信息联系及其机制，为提高卵寄生蜂利用效率提供科学依据。

2. 代表性成果

小菜蛾利用植物"防御物质"定位寄主植物产卵的分子机制

为了揭示十字花科专食性昆虫对寄主识别的嗅觉分子机制，团队以小菜蛾为对象展开一系列研究。该研究鉴定了吸引小菜蛾产卵的 3 种关键的十字花科植物异硫氰酸酯 ITC 气味物质，明确了特异性感受这些活性 ITC 物质的受体基因，从嗅觉角度揭示了十字花科植物专食性昆虫的寄主适应机制，即小菜蛾利用 2 个专门的 *OR* 对十字花科植物的标志性 ITC 气味进行感受，从而使雌蛾有效地识别并定位产卵寄主（图 1）。研究结果对于深入理解昆虫的寄主适应和食性分化机制具有重要意义，也为开发基于嗅觉调控的十字花科植

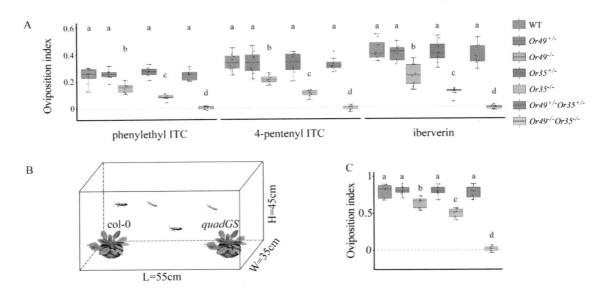

图 1 ***Or35* 和 *Or49* 基因敲除后雌蛾丧失了 ITC 介导的产卵选择性**
A. 不同品系雌蛾对 3 种主要活性 ITC 气味的产卵选择性；B、C. 不同品系雌蛾在拟南芥野生品系和突变品系（不产生芥子油苷 GS）间的产卵选择性

物专食性昆虫的新型防治技术提供了新思路和新靶标。

基于性信息素通信互作的蛾类昆虫间生殖隔离新机制

蛾类性信息素通信系统具有极高的灵敏性和种特异性，不但对同种两性间的交配和繁衍至关重要，而且在重叠发生的近缘种昆虫间的生殖隔离中起重要作用。一般认为这种生殖隔离作用体现在昆虫对本种性信息素组分的精准识别，而昆虫是否能监测重叠发生的近缘种的性信息素组分缺少研究。甜菜夜蛾和斜纹夜蛾为发生区域和时间重叠的同属近缘种，它们的性信息素均为多元化合物并共享一种组分（Z9,E12-14:OAc）。为了揭示重叠发生的近源害虫性信息素通信间的互作及其机制，课题组以这两种夜蛾为对象，从信息素结合蛋白及受体的配体反应及田间性信息素相互影响两方面进行了研究，揭示了两种蛾类不仅感受自身性信息素组分，而且能监测对方的特有性信息素组分，从而强化性信息素通信系统的种特异性，进而增强种间隔离的新机制。

点蜂缘蝽信息素多样性及其作用

臭蝽以释放恶臭而被人们熟知。点蜂缘蝽是大豆的重要害虫，近年来在华中等地区严重为害，造成大豆"深秋不黄，有荚无豆"。鉴定点蜂缘蝽的信息素并用于田间诱捕，对该害虫的防治有重要意义。

课题组通过比较成、若虫所产生的气味差异及其对若虫的吸引力发现，成虫与若虫释放的气味差异很大，且对若虫的效应明显不同。其中，成虫特异性气味如己烯酸己烯酯、异丁酸十四烷基酯等，既吸引待交配的成虫，又吸引正在觅食的若虫；而若虫的特异性气味，如 4- 氧代 - 反 -2- 己烯醛，强烈排斥天敌和其他若虫。因此，觅食的若虫可以通过成虫的气味来定位寄主植物，并通过自身气味来驱避天敌及其他若虫，以保护自己并避免对食物的过度竞争（图 2）。该成果于 2021 年发表在 *Journal of Pest Science*（Xu et al.,

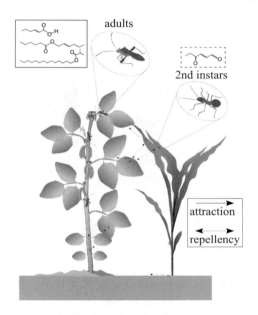

图 2　点蜂缘蝽成虫和若虫气味差异明显

2021）。

3. 代表性论文

Guo D, Zhang YJ, Zhang S, Li J, Guo C, Pan YF, Zhang N, Liu CX, Jia YL, Li CY, Ma JY, Nässel DR, Gao CF, Wu SF. Cholecystokinin-like peptide mediates satiety by inhibiting sugar attraction. *PLOS Genetics*, 2021, 17, e1009724.

Liu NY, Yang F, Yang K, He P, Niu XH, Xu W, Anderson A and Dong SL. Two subclasses of odorant-binding proteins in *Spodoptera exigua* display structural conservation and functional divergence. *Insect Molecular Biology*, 2015, 24(2): 167–182.

Liu XL, Zhang J, Yan Q, Miao CL, Han WK, Hou W, Yang K, Hansson BS, Peng YC, Guo JM, Xu H, Wang CZ, Dong SL, Knaden M. The molecular basis of host selection in a Crucifer-specialized moth. *Current Biology*, 2020, 30: 4 476–4 482.

Wu SF, Ja YL, Zhang YJ, Yang CH. Sweet neurons inhibit texture discrimination by signaling TMC-expressing mechanosensitive neurons in *Drosophila*. eLife, 2019, 8, e46165.

Xu H, Zhao J, Li F, Yan Q, Meng L & Li B. Chemical polymorphism regulates the attractiveness to nymphs in the bean bug *Riptortus pedestris*. *Journal of Pest Science*, 2021, 94: 463–472.

Yan Q, Liu XL, Wang YL, Tang XQ, Shen ZJ, Dong SL, Deng JY. Two sympatric *Spodoptera* species could mutually recognize sex pheromone components for behavioral isolation. *Front. Physiol.* 2019, 10: 1256.

Zhu GH, Peng YC, Zheng MY, Zhang XQ, Sun JB, Huang YP, and Dong SL. CRISPR/Cas9 mediated BLOS2 knockout resulting in disappearance of yellow strips and white spots on the larval integument in *Spodoptera litura*. *Journal of Insect Physiology*, 2017, 103: 29–35.

Zhu GH, Zheng MY, Sun JB, Khuhro SA, Yan Q, Huang YP, Syed Z, Dong SL. CRISPR/Cas9 mediated gene knockout reveals a more important role of PBP1 than PBP2 in the perception of female sex pheromone components in *Spodoptera litura*. *Insect Biochemistry and Molecular Biology*, 2019, 115: 103 244.

韩宝瑜（中国计量大学）

1. 主要研究方向及内容

茶树 – 害虫 – 天敌的互作机制及高效生物防治制剂研制

查明茶树 – 害虫（叶蝉、茶尺蠖、茶蚜）– 天敌（缨小蜂类、绒茧蜂类、蚜茧蜂、根虫瘟霉）三级营养之间化学通信机制、重要信息素产生及其作用的分子机制；查明根虫瘟霉病在叶蝉、茶尺蠖、茶蚜种群中流行规律，明确根虫瘟霉与寄生蜂协调制约目标害虫的机制及其实用技术；研制植物源茶小绿叶蝉引诱剂、茶尺蠖性诱剂、茶蚜性诱剂，研制缨小蜂、绒茧蜂、蚜茧蜂诱集剂；研究性诱剂、诱集剂和根虫瘟霉协调控制茶尺蠖、茶蚜、茶小绿叶蝉技术。

2. 代表性成果

茶小绿叶蝉、茶蚜和黑刺粉虱等茶园重要吸汁性害虫防治研究

该团队针对茶小绿叶蝉、茶蚜和黑刺粉虱等茶园重要吸汁性害虫体小、繁殖力强、种群密度大、难防治的问题，通过承担国家自然科学基金项目、浙江省科技计划项目及企业的横向项目取得了一系列研究成果：①率先研制了茶小绿叶蝉驱避剂、引诱剂，并协调使用驱避剂和引诱剂"推 – 拉"行为调控策略诱杀茶小绿叶蝉，使诱虫板对该叶蝉田间防效提高 30% 以上；②研制了大草蛉引诱剂及其于秋季茶园中诱集草蛉捕食茶蚜的方法，减少翌年春季有蚜茶梢率 40% 以上；③研制了植物源信息素诱虫板，于 3 月底至 4 月初越冬代黑刺粉虱羽化盛期诱杀成虫，防效 98% 以上，可控制全年虫口。还研制了茶蚜性诱剂，在深秋时节大量诱杀有翅雄蚜，减少交尾，压低越冬受精卵数量以控制翌年虫口。调查发现秋季杭州茶区叶蝉三棒缨小蜂和微小裂谷缨小蜂对茶小绿叶蝉卵寄生率 16% ~ 75%，研制了缨小蜂诱集剂，于 10 ~ 11 月在茶园中缓释，诱集缨小蜂寄生该叶蝉卵，降低越冬卵密度；5 月蚜茧蜂数量增加，研制并施用诱集剂指引蚜茧蜂寄生盛发期的茶蚜。在茶园间作吊瓜等蜜源植物，增大蜘蛛等天敌数量，减轻了叶蝉的为害。

3. 代表性论文

Han SJ, Wang MX, Wang YS, Wang YG, Cui L, Han BY. Exploiting push-pull strategy to combat the tea green leafhopper based on volatiles of *Lavandula angustifolia* and *Flemingia macrophylla*. *Journal of Integrative Agriculture*, 2020, 19(1): 193–203.

Wang MX, Ma QP, Han BY, Li XH. Molecular cloning and expression of a jasmonate biosynthetic gene allene oxide cyclase from *Camellia sinensis*. *Canadian Journal of Plant Science*, 2016, 96: 109–116.

Uesugi R, Sato Y, Han BY , Huang ZD, Yara K, Furuhashi K. Molecular evidence for multiple phylogenetic groups within two species of invasive spiny whiteflies and their parasitoid wasp. *Bulletin of Entomological Research*, 2016, 106: 328–340.

Yu PF, Wang MX, Cui L, Chen XX, Han BY. The complete mitochondrial genome of *Tambocerus* sp. (Hemiptera: Cicadellidae). *Mitochondrial DNA*, 2015, doi: 10.3109/19401736. 2015. 1111357.

潘铖，钮羽群，夏露霞，伍春芳，景凯婷，程墙义，王梦馨，韩宝瑜. 茶小绿叶蝉成虫唾液细菌蛋白的鉴定. 昆虫学报，2021，64(8): 929–942.

范培珍，韩善捷，韩宝瑜. 灰茶尺蠖为害诱导茶树释放的互利素的鉴定. 中国生物防治学报，2020，36(1): 65–71.

俞鹏飞，李倩，王梦馨，潘铖，崔林，韩宝瑜. 凹大叶蝉线粒体全基因组序列分析及系统发育关系. 农业生物技术学报，2019，27(7): 1 246–1 258.

郭祖国，王梦馨，崔林，韩宝瑜. 昆虫趋色性及诱虫色板的研究和应用进展. 应用生态学报，2019，30(10): 3 615–3 626.

韩善捷，叶火香，金珠，韩宝瑜. 茶树信息物质强化黑刺粉虱趋色效应的田间检测. 植物保护学报，2016，43(2): 275–280.

黄勇平（中国科学院植物生理生态研究所）

1. 主要研究方向及内容

该团队的主要研究方向之一是性别决定与行为调控，主要研究内容包括鳞翅目昆虫（家蚕、小地老虎和小菜蛾等）性别决定级联通路调控机制，性别决定基因调控行为的分子机制，行为调控的嗅觉识别的分子机制等。

2. 代表性成果

家蚕性别决定基因调控性行为的嗅觉分子机制

蚕蛾交配，第一步是雄蛾通过对雌蛾发出的性信息素 bombykol 和 bombykal 的反应被雌性吸引。bombykol 被认为是主要成分，在吸引雄蛾方面起着关键作用。bombykal 是一个次要成分，被认为在交配行为中起着拮抗作用。在这里，我们通过两种方法检测突变体雄性对 bombykol 和 bombykal 的反应能力，EAG 用于检测整个触角水平的响应性，SSR 用于记录单个毛形感器的反应。与野生雄性相比，4 种突变雄性在 10μg 剂量下对主要信息素 bombykol 的 EAG 反应显著降低。这些研究结果表明，性别决定基因 *BmMasc*、*BmPSI*、*Bmdsx* 和 *Bmfru* 的突变在整个触角水平上中断了对信息素的神经元反应。

以前的研究发现 *BmOR1* 和 *BmOR3* 是家蚕中的性信息素受体基因，并提供了对配体、受体关系的理解的证据。此外，近年来也很好地理解了家蚕性别决定途径的机制。然而，没有证据将这些受体与性别决定途径联系起来。为了进一步分析 △ *Bmfru* 触角中的嗅觉系统相关基因，接下来使用 RNA-Seq 检测了 *Bmfru* 突变体雄蚕（与作为对照的野生型相比）中的基因表达水平。

通过使用 CRISPR/Cas9 系统研究了 *BmOR3* 的基因功能，结果显示 *BmOR3* 突变体雄性表现出正常的求偶行为，包括定向、翅膀振动和转身，尽管表现出一点下调，但是求偶和交配指数仍然正常。由于家蚕丧失了飞行能力，交配姿势和交配持续时间将在交配后持续数小时以上。观察到大多数野生型雄性在交配 12 h 后自动分离，但大多数 *BmOR3* 突变体雄性仍然保持交配。电生理学分析显示 *BmOR3* 突变体可以正常响应 bombykol，但失去了对 bombykal 的反应，这与 *Bmfru* 突变体的结果相似。这些研究结果表明 *BmOR3* 是蚕蛾醛的受体，但它不是雄蛾识别所必需的。为家蚕提出了性行为调节途径提供遗传证据，强调 *Bmfru* 和 *Bmdsx* 的基因产物在雄性性行为中的关键作用。这些数据为性行为调节中性别决定途径的功能提供了活体证据。结果支持 *Bmdsx-BmPBP1-BmOR1*-bombykol 调节求偶行为的概念，*Bmfru-BmOR3*-bombykal 调节交配行为（图 3）（Xu 等，2020）。

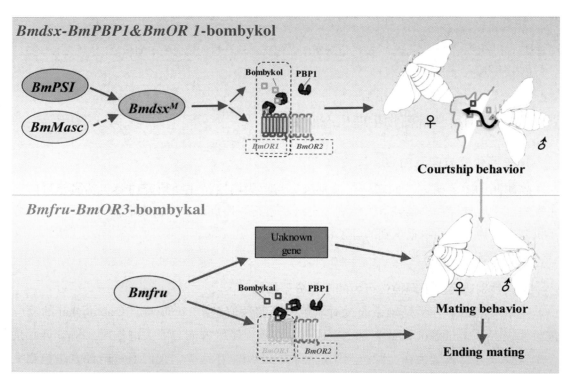

图 3　推定的家蚕性行为的遗传调控途径

家蚕嗅觉受体蛋白的功能解析

为明确家蚕嗅觉受体 *Orco* 基因在家蚕嗅觉通路中的作用，我们利用转基因介导的 CRISPR/Cas9 技术获得了 *Orco* 突变体，同时进行杂交筛选获得了家蚕 *Orco* 的纯合突变体品系。检测 *Orco* 突变体神经元的电生理变化，我们发现，当分别用蚕蛾醇和蚕蛾醛进行刺激时，*Orco* 突变体对刺激的反应均比野生型家蚕显著降低（图 4），说明 *Orco* 基因的突变严重干扰触角对性信息素的反应。

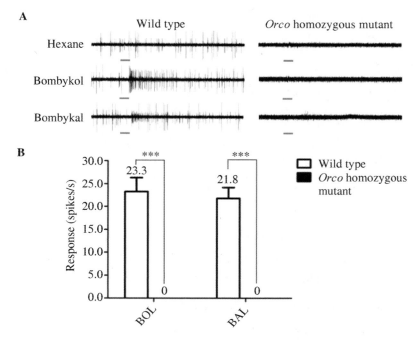

图 4　*Orco* 纯合突变体家蚕的触角电生理反应

A. *Orco* 纯合突变体和野生型雄性家蚕触角长毛形感器对 10μg 蚕蛾醇和蚕蛾醛的单感器记录图。下方红线代表持续刺激 300ms 的时间；B. 雄蛾长毛形感器的神经元对 10μg 蚕蛾醇和蚕蛾醛的平均反应结果。数据代表平均值 ± 标准误。误差线上的数字代表 15 个测定感器的平均 spike 的数量。使用 Student's t– 检验比较差异的显著性，*** 表示 *P*<0.001。BOL，蚕蛾醇；BAL，蚕蛾醛

　　检测 *Orco* 突变体的交配选择行为，我们发现，无论使用家蚕雌蛾，还是 11∶1 比例混合的蚕蛾醇与蚕蛾醛混合物，与野生型相比，*Orco* 突变体均表现交配选择能力显著降低。蚕蛾醇单独引诱时，*Orco* 突变体的交配选择能力下降，而 *Orco* 纯合突变体的交配行为则完全消失。且无论 *Orco* 突变体还是野生型家蚕均对蚕蛾醛无任何反应。

3. 代表性论文

Xu J, Liu W, Yang DH, Chen SQ, Chen K, Liu ZL, Yang X, Meng J, Zhu GH, Dong SL, Zhang Y, Zhan S, Wang GR, and Huang YP. Regulation of olfactory-based sex behaviors in the silkworm by genes in the sex-determination cascade. *PLoS Genetics*, 2020, 16(6): 1-20.

Liu Q, Liu W, Zeng BS, Wang GR, Hao DJ, Huang YP. Deletion of the *Bombyx mori* odorant receptor co-receptor (BmOrco) impairs olfactory sensitivity in silkworms. *Insect Biochem Mol Biol*, 2017, 86:58-67.

Xu J, Chen SQ, Zeng BS, James AA, Tan AJ, Huang YP. *Bombyx mori* P-element Somatic Inhibitor (BmPSI) Is a Key Auxiliary Factor for Silkworm Male Sex Determination. *PLoS Genetics*, 2017, 13(1): 1-17.

刘德广（西北农林科技大学）

1. 主要研究方向及内容

化学生态学是本团队的主要研究方向之一，主要的研究内容包括农林害虫（如苹果小

吉丁虫 *Agrilus mali* 等）嗅觉识别的分子机制，重大农业害虫麦长管蚜（*Sitobion avenae*）响应干旱缺水胁迫的分子基础，以及麦类作物次生代谢物的杀虫活性机制等。

2. 代表性成果

苹果小吉丁虫嗅觉识别的分子机制

苹果小吉丁虫是为害我国新疆天山野果林的重要蛀干害虫，行为选择实验确认了海棠和苹果是该虫的寄主植物，进一步测定了寄主植物叶片中挥发物组分及含量，推测其中一些挥发物在苹果小吉丁虫选择寄主植物的过程中发挥重要作用。采用 Illumina HiSeq 二代测序平台对成虫触角转录组进行测序，共鉴定到 63 条嗅觉相关基因，其中 *OBP* 基因 11 条、CSP 基因 8 条。

荧光定量 PCR 的结果表明 *AmalOBP3* 和 *AmalOBP8* 在触角中有较高的表达量，荧光竞争结合实验进一步发现两者可以分别与 15 种和 21 种寄主植物挥发物结合。另外，触角电位实验表明这些化合物中的甲酸香叶酯和己酸叶醇酯可以引起苹果小吉丁虫强烈的触角电位反应，双向嗅觉行为实验也证实这两种化合物对成虫有显著的吸引效果。基于此，我们进一步利用多光谱和分子模拟实验（图 5）推断出 *AmalOBP8* 主要依靠氢键与甲酸香叶酯结合，而多个亮氨酸残基形成疏水环境帮助其与己酸叶醇酯结合。此外，在雌性触角和雄性腹部中高表达的 *AmalCSP5* 对非挥发性的寄主次生代谢物具有较强结合能力，其中原花青素是所有测试化合物中最好的配体，其可以与 *AmalCSP5* 的 3 个氨基酸残基（即 Arg7、Leu8 和 Lys41）形成氢键。

3. 代表性论文

崔晓宁，伊志豪，王明，刘德广，廖书江，许正. 苹小吉丁成虫补充营养的偏好性及相关植物挥发物分析. 林业科学，2016，52 (11): 96–106.

Cui Xiaoning, Liu Deguang, Sun Keke, He Yang, Shi Xiaoqin. Expression profiles and functional characterization of two odorant-binding proteins from the apple buprestid beetle *Agrilus mali* (Coleoptera: Buprestidae). *Journal of Economic Entomology*, 2018, 111 (3): 1 420–1 432.

Yang Yujing, Liu Deguang, Liu Xiaoming, Wang Biyao, Shi Xiaoqin. Divergence of desiccation-related traits in *Sitobion avenae* from Northwestern China. *Insects*, 2020, 11 (9): 626.

Li Dexian, Li Chunbo, Liu Deguang. Analyses of structural dynamics revealed flexible binding mechanism for the *Agrilus mali* odorant binding protein 8 towards plant volatiles. *Pest Management Science*, 2021a, 77 (4): 1 642–1 653.

Li Chunbo, Sun Keke, Li Dexian, Liu Deguang. Functional characterization of chemosensory protein AmalCSP5 from apple buprestid beetle, *Agrilus mali* (Coleoptera: Buprestidae). *Journal of Economic Entomology*, 2021b, 114 (1): 348–359.

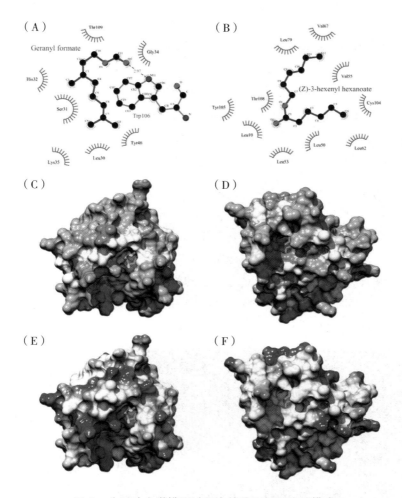

图 5　分子动力学模拟过程中的分子相互作用模式

AmalOBP8 与甲酸香叶酯（A）和己酸叶醇酯（B）结合的二维视图。AmalOBP8 分别与甲酸香叶酯（C）和己酸叶醇酯（D）结合的表面疏水性（蓝色表示亲水；白色表示中性；橙红色表示疏水）。AmalOBP8 分别与甲酸香叶酯（E）和己酸叶醇酯（F）结合的静电势图（红色，阴性；白色，中性；蓝色，阳性）

娄永根（浙江大学）

1. 主要研究方向及内容

　　长期围绕水稻诱导抗虫反应的分子机制及其生物学 / 生态学功能开展研究，重点剖析茉莉酸、水杨酸、乙烯和 MAPK 等防御信号途径以及相关受体、转录因子在调控水稻诱导抗虫反应中的作用，鉴定害虫激发子 / 效应子以及探索挥发物在影响水稻 – 害虫 – 天敌三级营养关系中的作用。在此基础上，发掘重要的功能基因与生态功能分子，开发基于昆虫行为和植物抗性调控的害虫防控新技术。

2. 代表性成果

深入剖析了植物诱导抗虫反应的化学基础

研究发现，水稻体内 5- 羟色胺和水杨酸的生物合成均起源于分支酸且二者相互负调控，即水杨酸通过抑制 5- 羟色胺合成酶基因 *CYP71A1* 表达减少 5- 羟色胺合成，反之亦然；褐飞虱、二化螟为害能够诱导感性水稻品种中的 *CYP71A1* 表达，促进 5- 羟色胺合成且降低水杨酸含量，而抗性品种中的 *CYP71A1* 则不受影响，以此保持较低的 5- 羟色胺和较高的水杨酸水平；进一步研究发现，5- 羟色胺有利于褐飞虱和二化螟的生长发育（图 6）。本研究成果对于水稻乃至其他作物的抗虫育种具有重要意义，相关论文发表于 *Nature Plants*，授权国家发明专利 1 项。

此外，以千里光 – 昆虫 – 天敌为研究对象，系统比较了本土和入侵种群千里光的挥发物组成及含量，发现入侵种群的组成型挥发物释放量显著高于本土种群，对专食性昆虫具有更强的引诱作用，而对广食性昆虫具有更强的驱避作用；相反，虫害诱导本土种群挥发物释放量高于入侵种群，对寄生蜂具有更强的吸引作用。该研究首次证实了挥发物对植物种群适合度进化的影响，相关论文发表于 *Current Biology*。

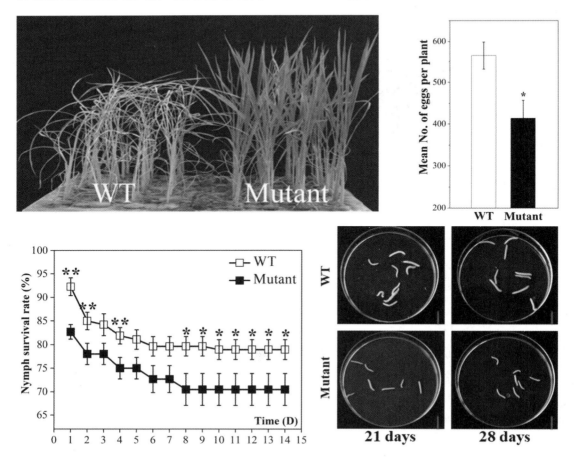

图 6　5- 羟色胺与水稻抗虫性密切相关

开发了基于生态功能分子的害虫防控新技术

基于植物诱导抗虫反应机制，结合化学遗传学方法，建立了植物抗性诱导剂的高通量筛选平台，并对筛选获得的 4- 氟苯氧乙酸（4-FPA）、Bis、WJ-153 等水稻抗虫诱导剂进行了深入研究。研究发现，4-FPA 能够诱导水稻细胞中类黄酮聚合物沉积，导致稻飞虱（白背飞虱、褐飞虱、灰飞虱）口针难以抵达水稻韧皮部，无法正常取食而大量死亡；喷施 4-FPA 有效降低了稻田褐飞虱和白背飞虱的种群密度，显著提高了水稻产量，且对天敌安全（图 7）；此外，4-FPA 还能够降低麦长管蚜和禾谷缢管蚜的存活率，从而提高小麦和大麦的抗虫性，表现出良好的应用潜力。Bis 不仅能够显著提高水稻对二化螟和稻飞虱的直接抗性，还能通过影响水稻挥发物组成提高稻虱缨小蜂的寄生率。水稻根吸收 WJ-153 后会导致褐飞虱和白背飞虱的卵大量死亡，且引起卵死亡的原因主要与水稻体内的乙烯等信号途径有关。此外，通过室内生测及田间试验，发现了 α- 姜烯对稻虱缨小蜂具有驱避作用，并进一步证实水稻通过调控自身的挥发物含量帮助天敌区分寄主生境。这些研究成果不仅揭示了水稻防御反应的新机制，而且为水稻害虫的绿色防控提供了新思路，相关论文发表于 *PNAS*、*Plant, Cell & Environment* 等刊物，授权国家发明专利多项。

3. 代表性论文

Lin TT, Vrieling K, Laplanche D, Klinkhamer P, Lou YG, Bekooy L, Degen T, Bustos-Segura C, Turlings T and Desurmont G. Evolutionary changes in an invasive plant support the defensive role of plant volatiles. *Current Biology*, 2021, 31 (15): 3 450–3 456.

Xu J, Wang XJ, Zu HY, Zeng X, Baldwin I, Lou YG and Li R. Molecular dissection of rice phytohormone signaling involved in resistance to a piercing-sucking herbivore. *New Phytologist*, 2021, 230 (4): 1 639–1 652.

Fu WJ, Jin GC, Jiménez-Alemán G, Wang XJ, Song JJ, Li SH, Lou YG and Li R. The jasmonic acid-amino acid conjugates JA-Val and JA-Leu are involved in rice resistance to herbivores. *Plant, Cell & Environment*, 2021, DOI10.1111/pce.14 202.

Wang WW, Zhou PY, Mo XC, Hu LF, Jin N, Chen X, Yu ZX, Meng JP, Erb M, Shang ZC, Gatehouse A, Wu J and Lou YG. Induction of defense in cereals by 4-fluorophenoxyacetic acid suppresses insect pest populations and increases crop yields in the field. *PNAS*, 2020,117 (22):12 017–12 028.

Li CZ, Sun H, Gao Q, Bian FY, Noman A, Xiao WH, Zhou GX and Lou YG. Host plants alter their volatiles to help a solitary egg parasitoid distinguish habitats with parasitized hosts from those without. *Plant, Cell & Environment*, 2020, 43 (7):1–11.

Ye M, Kuai P, Hu LF, Ye MF, Sun H, Erb M and Lou YG. Suppression of a leucine-rich repeat receptor-like kinase enhances host plant resistance to a specialist herbivore. *Plant, Cell & Environment*, 2020, 43 (10): 2 571–2 585.

Ye M, Glauser G, Lou YG, Erb M and Hu LF. Molecular dissection of early defense signaling underlying volatile-mediated defense regulation and herbivore resistance in rice. *The Plant Cell*, 2019, 31 (3):687–698.

Li JC, Liu XL, Wang Q, Huangfu JY, Schuman MC and Lou YG. A Group D MAPK protects plants from autotoxicity by suppressing herbivore-induced defense signaling. *Plant Physiology*, 179 (4):1 386–1 401.

Hu LF, Ye M, Kuai P, Ye MF, Erb M and Lou YG. OsLRR-RLK1, an early responsive leucine-rich repeat receptor like kinase, initiates rice defense responses against a chewing herbivore. *New Phytologist*, 2018, 219 (3): 1 097–1 111.

Lu HP, Luo T, Fu HW, Wang L, Tan YY, Huang JZ, Wang Q, Ye GY, Gatehouse AMR, Lou YG and Shu QY.

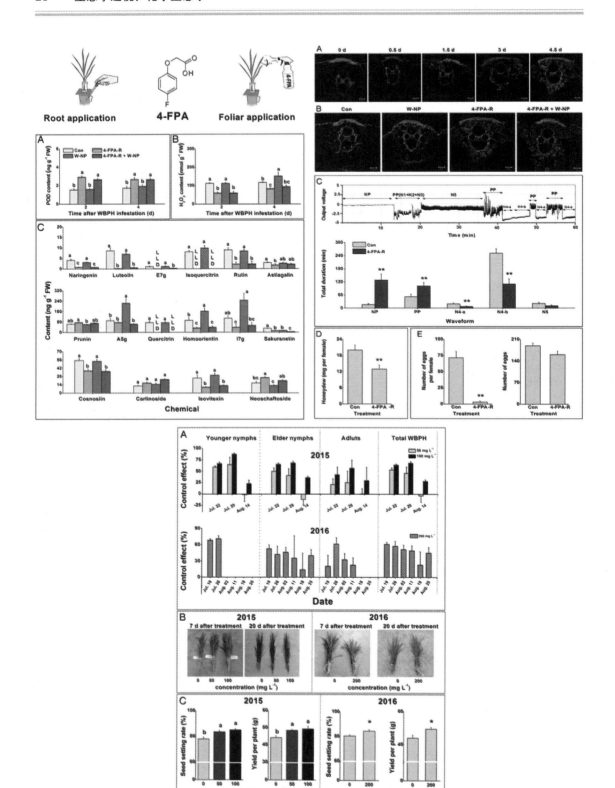

图 7   4– 氟苯氧乙酸能够提高植物抗虫性

Resistance of rice to insect pests mediated by suppression of serotonin biosynthesis. *Nature Plants*, 2018, 4 (6): 338–344.

陆鹏飞（北京林业大学）

1. 主要研究方向及内容

主要研究方向为森林昆虫化学生态学，研究内容涵盖外来入侵种生态调控以及林果害虫及其寄主植物间化学通信和分子调控机制。

2. 代表性成果

重大入侵害虫松树蜂 *Sirex noctilio* 和本地种新渡户树蜂 *Sirex nitobei* 繁殖行为及化学生态调控

松树蜂原产于欧洲、亚洲格鲁吉亚共和国和蒙古国以及北非，是国际上具有极高风险的林业外来入侵生物。

（1）繁殖行为：两种交配行为可分为 5 个阶段（搜索、吸引、抱握、交配、结束）；与本地物种相比，入侵物种表现出更强的交配能力，包括交配频率、时间和持续时间等各个指标。

（2）信息素分析：交尾高峰期，对两种树蜂雄蜂挥发物进行 SPME 收集，然后进一步 GC-EAD 鉴定活性物质，最终确定了雄蜂活性挥发物为（*Z*）-3- 癸烯醇；2 日龄个体的雄性信息素释放高峰出现在 11∶00 ~ 12∶00。

（3）信息素结合蛋白基因：通过转录组测序，得到松树蜂触角气味结合蛋白 16 种，化学感受蛋白 7 种；新渡户树蜂触角气味结合蛋白 15 种，化学感受蛋白 6 种（图 8）；松树蜂和新渡户树蜂大多数嗅觉相关基因同源，从基因层面说明了两物种的近缘关系；实时荧光定量 PCR 发现大多数气味结合蛋白基因在触角中表达，说明了触角在嗅觉感受中的重要性。

3. 代表性论文

Guo B, Hao EH, Qiao HL, Wang JZ, Wu WW, Zhou JJ, Lu PF. 2021. Antennal transcriptome analysis of olfactory genes and characterizations of odorant binding proteins in two woodwasps, *Sirex noctilio* and S*irex nitobei* (Hymenoptera: Siricidae). *BMC Genomics*, 22:172.

Lu PF, Haili Qiao. 2020. Peach volatile emission and attractiveness of diferent host plant volatiles blends to *Cydia molesta* in adjacent peach and pear orchards. *Scientific Reports*, 10:13658 doi 10.1038/s41598-020-70685-9.

Yanru Zhang, Haili Qiao, Lili Ren, Rong Wang, Pengfei Lu. 2020. Sample preparation method of scanning and transmission electron microscope for the appendages of woodboring beetle. *Journal of Visualized Experiments*, 156, e59251, doi:10.3791/59251.

Qiang Xu, Xue-Ting Sun, Peng-Fei Lu, You-Qing Luo, Juan Shi. 2019. Volatile profiles of three tree species in the northeastern China and associated effects on *Sirex noctilio* activity. *Journal of Plant Interactions*, 14:1, 334-339, doi: 10.1080/17429145.2019.1629035.

Yanru Zhang, Lili Ren, Lu Zhang, Rong Wang, Yang Yu, Pengfei Lu, Youqing Luo. 2018. Ultrastructure

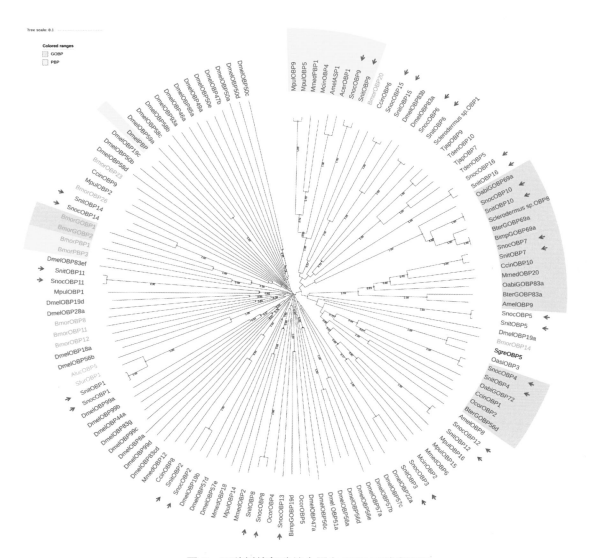

图 8　两种树蜂气味结合蛋白 OBP 系统发育树

and distribution of sensilla on the maxillary and labial palps of Chlorophorus caragana (Coleoptera: Cerambycidae). *Journal of Morphology*, 1: doi 10.1002/jmor. 20791.

Ping Hu, Jing Tao, Mingming Cui, Chenglong Gao, Pengfei Lu, Youqing Luo. 2016. Antennal transcriptome analysis and expression profiles of odorant binding proteins in *Eogystia hippophaecolus* (Lepidoptera: Cossidae). *BMC genomics*, 2016, 17(615): doi: 10.1186/s12864-016-3008-4.

Pengfei Lu, Rong Wang, Chenzhu Wang, Youqing Luo, Haili Qiao. 2015. Sexual differences in electrophysiological and behavioral responses of *Cydia molesta* to peach and pear volatiles. *Entomologia Experimentalis et Applicata*, 157(3): 279–290.

Yanru Zhang, Rong Wang, Lingfeng Yu, Pengfei Lu, Youqing Luo. 2015. Identification of Caragana plant volatiles, overlapping profiles, and olfactory attraction to Chlorophorus Caragana in the laboratory. *Journal of Plant Interactions*, 10(1): 41–50.

Pengfei Lu, Haili Qiao, Zhichun Xu, Jin Cheng, Shixiang Zong, Youqing Luo. 2014. Comparative analysis of peach and pear fruit volatiles attractive to the oriental fruit moth, *Cydia Molesta. Journal of Plant*

Interactions, 9(1): 388–395.

Pengfei Lu, Lingqiao Huang, Chenzhu Wang. 2012. Identification and field evaluation of pear fruit volatiles attractive to the oriental fruit moth, *Cydia molesta. Journal of Chemical Ecology*, 38(8): 1 003–1 016.

苗雪霞（中国科学院植物生理生态研究所）

1. 主要研究方向及内容

主要从事植物抗虫和害虫防治相关的研究。在植物抗虫领域，本团队主要以水稻和稻飞虱为研究体系，以水稻抗虫种质资源和水稻突变体为研究材料，通过抗虫基因克隆、功能验证及抗虫机制分析，研究基因的生理功能及其参与的代谢调控网络，阐明植物抗虫的分子机制，验证水稻的抗虫性与产量、品质间的关系，为抗虫基因在水稻育种中的应用提供理论依据。在害虫防治领域，以亚洲玉米螟、棉铃虫等重要农业害虫为研究对象，利用反向遗传学手段获得害虫生长发育过程中的关键调控基因，研究基因的功能，探索将靶标基因应用于害虫无公害防治的可行性。

2. 代表性成果

揭示 ET 和 JA 信号途径相互应答介导水稻响应刺吸式口器昆虫取食的分子机制

植物激素如 JA、SA 和 ET 等信号形成一个复杂的调控网络，是组成植物抗性信号途径的基础，介导了各种生物和非生物胁迫。已有的研究表明：在拟南芥中 JA 和 ET 信号通路在调控咀嚼式口器昆虫时起拮抗作用（Memelink, 2009; Verhage et al., 2011）。那么，在植物抵御刺吸式昆虫取食的过程中，ET 和 JA 之间是否存在相互作用，以及相互作用的机制如何？为了揭示这一现象，通过微阵列分析，我们发现一个 ET 信号通路的基因 *OsEBF1* 能够响应褐飞虱的取食。遗传分析表明，ET 信号途径的信号分子，*OsEBF1* 和 *OsEIL1* 分别正调控和负调控水稻抗褐飞虱。分子和生化分析表明，二者之间存在直接的相互作用，*OsEBF1* 能够通过泛素化途径介导 *OsEIL1* 的降解，说明 ET 信号途径负调控水稻抗褐飞虱。RNA-seq 数据表明，*OsEIL1* 突变体中 JA 信号途径的基因 *OsLOX9* 被显著下调。生化分析证明了 *OsEIL1* 蛋白对 *OsLOX9* 基因的直接转录调控。本研究揭示了 JA 和 ET 信号途径协同负调控水稻对刺吸式口器昆虫的抗性，*OsEIL1* 蛋白对 *OsLOX9* 基因的直接转录调控介导了二者的协同性。*OsEIL1–OsLOX9* 是介导 ET 和 JA 信号途径相互应答的新的信号交叉位点（图 9，Ma et al., 2020）。

揭示了 miRNA 调控水稻抗性和产量的分子机制

为了揭示 miRNA 参与的水稻和褐飞虱互作机制，团队进行了 miRNA 测序，并鉴定出响应褐飞虱取食的 OsmiR396。通过在三个不同遗传背景的水稻品种中超表达靶基因类似物（MIM396）以封闭 OsmiR396，发现 OsmiR396 负调控水稻对褐飞虱的抗性。水稻中 miR396 的靶基因 Growth Regulating Factor（*OsGRF*）共有 12 个，其中

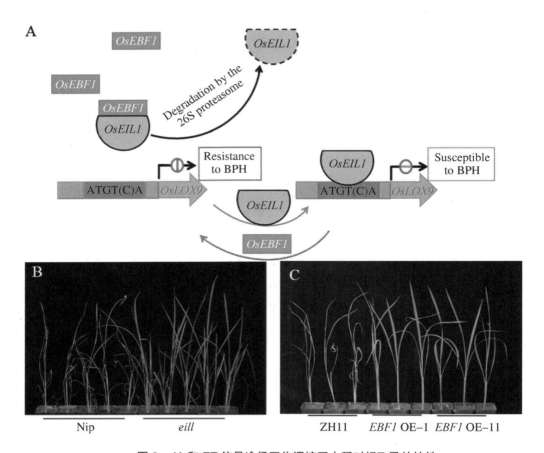

图 9　JA 和 ET 信号途径互作调控了水稻对褐飞虱的抗性

A. JA 和 ET 信号调控水稻对褐飞虱抗性的模式图；B. *OsEIL1* 突变提高了水稻对褐飞虱的抗性；
C. *EBF1* 过表达提高了水稻对褐飞虱的抗性

OsGRF8 是对褐飞虱取食响应比较明显的一个靶基因。过表达 *OsGRF8* 的转基因植株表现出对褐飞虱的抗性。说明 *OsGRF8* 是介导 OsmiR396 对褐飞虱的抗性的一个下游因子。同时，我们发现，MIM396 和 GRF8OE 植株中类黄酮的含量均增加；而且人工施加类黄酮能够显著增强野生型水稻对褐飞虱的抗性。在 MIM396 植株中，若干类黄酮合成基因的表达被显著上调，说明 OsmiR396/*OsGRF8* 模块很可能通过调控类黄酮的合成调节对褐飞虱的抗性。为证明该发现的普遍性，选取了 39 份天然水稻植株进行分析，发现水稻材料中类黄酮含量的增加和褐飞虱抗性呈现正相关。

进一步通过 electrophoretic mobility shift assay（EMSA）、Chromatin Immunoprecipitation（ChIP）、酵母单杂交等生化分析技术，证明了类黄酮生物合成途径中的黄烷酮 3- 羟化酶（*OsF3H*）基因受 *OsGRF8* 的直接转录调控。通过对 *OsF3H* 的遗传功能进行分析显示其正调控水稻类黄酮含量和褐飞虱抗性。OsmiR396 和 *OsF3H* 之间的遗传相关性分析表明：通过 RNAi 下调 *OsF3H* 的功能，MIM396 植株对褐飞虱的抗性得到恢复，同时也降低了 MIM396 植株中的类黄酮含量。总之，研究结果表明，*OsF3H* 位于

OsmiR396/*OsGRF8* 模块的遗传下游，由 OsmiR396、*OsGRF8*、*OsF3H* 构成的遗传途径综合调控水稻中类黄酮的含量和抗褐飞虱性能（图 10 ）。

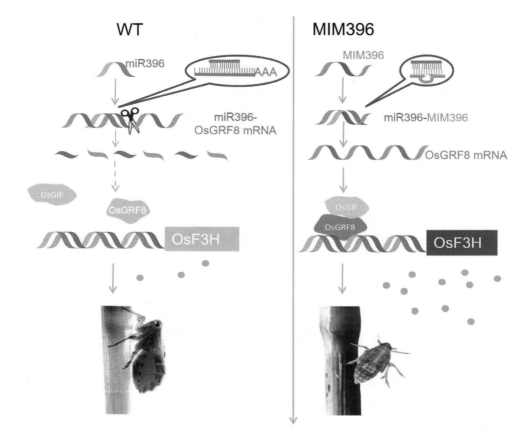

图 10　OsmiR396 通过调控类黄酮的合成调节水稻对褐飞虱的抗性

在野生型水稻中，OsmiR396 抑制靶基因 *OsGRF8* 的表达，*OsGRF8* 蛋白正调控 *OsF3H* 的表达，因此野生型水稻中类黄酮合成途径被 OsmiR396/*OsGRF8* 抑制，造成植株对褐飞虱敏感。而在 MIM396 植株中，OsmiR396 的表达被 MIM396 竞争性地抑制，从而释放了 *OsGRF8*，使得 *OsGRF8* 可以促进 *OsF3H* 的表达，从而造成了类黄酮含量的提高，使得 MIM396 植株对褐飞虱产生抗性。

3. 代表性论文

Yang X, Zhao X, Dai Z, Ma F, Miao X, Shi Z. OsmiR396/growth regulating factor modulate rice grain size through direct regulation of embryo-specific miR408. *Plant Physiology*, 2021, 186(1): 519–533.

Guo H, Li H, Zhou S, Xue H, Miao X. Deficiency of mitochondrial outer membrane protein 64 confers rice resistance to both piercing-sucking and chewing insects in rice. *Journal of Integrative Plant Biology*, 2020, 62(12): 1 967–1 982.

Ma F, Yang X, Shi Z, Miao X. Novel crosstalk between ethylene- and jasmonic acid-pathway responses to a piercing-sucking insect in rice. *New Phytologist*, 2020, 225: 474–487.

Guan R, Chen Q, Li H, Hu S, Miao X, Wang G, Yang B. Knockout of the HaREase gene improves the stability of dsRNA and increases the sensitivity of Helicoverpa armigera to Bacillus thuringiensis toxin. *Frontiers in Physiology*, 2019, 10: 1 368.

Yang X, Wang J, Dai Z, Zhao X, Miao X, Shi Z. miR156f integrates 'panicle architecture through genetic modulation of branch number and pedicel length pathways. *Rice*, 2019, 12(40): 1–11.

Wang M, Yang D, Ma F, Zhu M, Shi Z, Miao X. OsHLH61-OsbHLH96 influences rice defense to brown planthopper through regulating the pathogen-related genes. *Rice*, 2019, 12(9): 1–12.

Dai Z, Tan J, Zhou C, Yang XF, Yang Fang, Zhang S, Sun S, Miao X, Shi Z. The OsmiR396-OsGRF8-OsF3H-flavonoid pathway mediates resistance to the brown planthopper in rice (Oryza sativa). *Plant Biotechnology Journal*, 2019,17: 1 657–1 669.

庞保平（内蒙古农业大学）

1. 主要研究方向及内容

主要从事亚洲小车蝗、沙葱萤叶甲、牧草盲蝽等草原害虫的发生规律、成灾机制及绿色防控技术的研究。

2. 代表性成果

亚洲小车蝗的化学感受机制

根据本实验室组装的亚洲小车蝗触角转录组数据库，通过生物信息学方法分析，共鉴定出 101 个嗅觉相关蛋白基因，包括 15 个气味结合蛋白基因（*OBP*）、17 个化学感受蛋白基因（*CSP*）、60 个气味受体基因（*OR*）[包括 59 个普通气味受体基因 *OR* 和 1 个共受体（*ORco*）]、6 个离子型受体基因（*IR*）和 3 个感觉神经元膜蛋白基因（*SNMP*）。BlastP 验证的最佳结果和系统发育分析均显示，这些嗅觉相关蛋白与来自直翅目东亚飞蝗 *Locusta migatoia* 或沙漠蝗 *Schistocerca gregaria* 的嗅觉相关蛋白亲缘关系最近。

应用 qRT-PCR 分析嗅觉相关蛋白基因在雌雄成虫不同组织中的表达模式。绝大多数嗅觉相关蛋白基因在化学感受器官中的表达量远高于非化学感受器官中的表达量。构建了 8 个 OasiCSPs 的重组表达质粒并在大肠杆菌中成功表达，用 Ni 亲和层析柱成功纯化蛋白，并测定了来自寄主植物克氏针茅 *Stipa krylovii* 挥发物、亚洲小车蝗粪便挥发物以及亚洲小车蝗成虫体表挥发物共 16 种气味化合物对这 8 种 CSP 蛋白的结合能力。

为进一步验证化学感受蛋白的嗅觉功能，进行了 RNA 干扰（RNA interference，RNAi）和电生理反应试验。在亚洲小车蝗雌雄成虫中分别注射 3 种 dsCSPs（OasiCSP4-dsRNA、OasiCSP11-dsRNA 和 OasiCSP12-dsRNA）48 h 后，qRT-PCR 检测显示，与注射水和非注射的对照组相比，注射 dsCSP12 后显著降低了雌雄虫触角中的靶基因表达水平，而在注射 dsCSP4 和 dsCSP11 后，OasiCSP4 和 OasiCSP11 的表达水平在雌性中显著降低，但在雄性中没有显著差异。上述结果表明，这 3 种 dsCSPs 在亚洲小车蝗寻找寄主植物和聚集行为中可能起着重要作用。

3. 代表性论文

Li L, Zhang W-B, Shan Y-M, Zhang Z-R, Pang B-P. Functional characterization of olfactory proteins involved in chemoreception of *Galeruca daurica*. *Frontiers in Physiology*, 2021, 12: 678–698.

Li L, Zhou YT, Tan Y, Zhou XR, Pang BP. Identification of odorant-binding protein genes in *Galeruca daurica* (Coleoptera: Chrysomelidae) and analysis of their expression profiles. *Bulletin of Entomological Research*, 2017, 107(4): 550–561.

Zhang Y, Tan Y, Zhou XR, Pang BP. A whole-body transcriptome analysis and expression profiling of odorant binding protein genes in *Oedaleus infernalis*. *Comparative Biochemistry and Physiology* - Part D, 2018, 28: 134–141.

Zhou YT, Li L, Zhou XR, Tan Y, Pang BP. Identification and expression profiling of candidate chemosensory membrane proteins in the band-winged grasshopper, *Oedaleus asiaticus*. *Comparative Biochemistry and Physiology* - Part D, 2019, 30: 33–44.

Zhou YT, Li L, Zhou XR, Tan Y, Pang BP. Three Chemosensory Proteins Involved in Chemoreception of *Oedaleus asiaticus* (Orthopera: Acridoidea). *Journal of Chemical Ecology*, 2020, 46: 138–149.

崔伯阳, 黄训斌, 高利军, 新巴音, 庞保平, 张泽华. 亚洲小车蝗对内蒙古典型草原 3 种禾本科植物取食特性的研究. 环境昆虫学报, 2019, 41(3): 458–464.

李玲, 谭瑶, 周晓榕, 庞保平. 沙葱萤叶甲气味结合蛋白 GdauOBP20 的基因克隆、原核表达及其结合特性. 中国农业科学, 2019, 52(20): 3 705–3 712.

李玲, 周渊涛, 谭瑶, 周晓榕, 庞保平. Identification and expression profiling of chemosensory protein genes in *Galeruca daurica* (Coleoptera: Chrysomelidae). 昆虫学报, 2018, 61(6): 646–656.

周渊涛, 李玲, 庞保平, 单艳敏, 张卓然. Antennal transcriptome analysis and expression profiling of chemosensory protein genes in *Oedaleus asiaticus* (Orthopera: Acrididae). 昆虫学报, 2019, 62(1): 61–32.

孙江华，赵莉蔺（中国科学院动物研究所 / 河北大学）

1. 主要研究方向及内容

主要以化学生态和分子生物学技术为手段研究"寄主植物 – 害虫 – 伴生真菌 – 细菌"间多营养级互作和入侵害虫的入侵机制。通过多年的努力，研究组在松材线虫和红脂大小蠹两个研究对象上已经初步建立起了研究信息化合物介导多物种互作的研究体系。在入侵生物学基础理论方面，首次提出并验证了"共生入侵"和"返入侵"假说，建立了"共生入侵"理论学说，将虫菌种间互作纳入入侵机制研究；揭示了信息化合物介导的虫菌共生维持机制，构建了昆植关系中的跨四界化学信息互作模型；基于植物 – 害虫 – 共生微生物之间的化学通信机制，研发并集成了以信息素推拉控制技术为核心的监测、检疫、防控综合技术体系，成功控制了红脂大小蠹，实现了利用化学通信和种间互作机制防控入侵害虫的目的，为生物入侵基础和应用研究提供了模式和范例。

2. 代表性成果

提出并验证了伴生真菌介导的"共生入侵"和"返入侵"假说

该团队利用入侵寄主松树的两个入侵体系各自优势，揭示了 *Ophiostomatoid* 属伴生蓝变菌在入侵过程中，群落组成的改变促进了入侵种的繁殖和种群定殖，为认识入侵种定殖与建群机制开辟了新的视角。

松树的树脂道中大量化合物的气味成为入侵种识别和利用寄主的指纹识别物。3-蒈烯（3-carene）作为油松的萜烯类指纹化合物吸引红脂大小蠹成虫聚集。进一步研究发现北美长梗细帚霉 L. procerum 在中国形成的独特单倍型，不仅使红脂大小蠹在中国寄主油松上具有较强致病性，而且随着红脂大小蠹入侵，进一步诱导寄主释放更多的聚集信息物质，协助红脂大小蠹在寄主中聚集和定殖，而高浓度 3-carene 对其他伴生菌（包括美国 L. procerum 菌株）生长均有抑制作用，唯独对携带入侵中国的长梗细帚霉无影响，这种入侵种快速适应进化形成的"虫菌共生入侵"（RTB-L. procerum invasive complex），解释了为什么红脂大小蠹在美国不成灾，入侵到中国后大面积致死健康油松这一现象。

在"虫菌共生入侵"假说（图 11）的基础上，项目组创新性地提出"返入侵"假说。该假说强调原产地次生性害虫/伴生菌，在入侵地由于新的寄主和环境选择压力发生了变异，即北美长梗细帚霉在中国形成的独特单倍型协助害虫入侵，这也为虫-菌返回到原产地北美洲造成为害提供可能，如果返回原产地，为害能力增强，有可能上升为主要害虫严重为害当地健康寄主，使本地种变为入侵种。"返入侵"假说的首次提出为入侵有害生物的研究提供了反向思维方向，为检疫和科研人员对入侵有害生物的检验检疫提供了理论基础。

3. 代表性论文

Zhao MP, Wickham JD, Zhao LL, Sun JH. 2020. Major ascaroside pheromone component asc-C5 influences reproductive plasticity among isolates of the invasive species pinewood nematode. *Integrative Zoology*, doi. org/10. 1111/1749-4877. 12512.

Zhang B, Zhao LL, Ning J, Wickham JD, Tian HK, Zhang XM, Yang ML, Wang XM, Sun JH. 2020. miR-31-5p regulates cold acclimation of the wood-boring beetle Monochamus alternatus via ascaroside signaling. *BMC Biology*, 18: 184.

Liu FH, Wickham JD, Cao QJ, Lu M, Sun JH. 2020. An invasive beetle-fungus complex maintained by fungal nutritional-compensation mediated by bacterial volatiles. *The ISME Journal*, 14: 2 829-2 842.

Zhang C, Wickham JD, Zhao LL, Sun JH. 2020. A new bacteria-free strategy induced by MaGal2 facilitates pinewood nematode escape immune response from its vector beetle. *Insect Science*, 00: 1-16. DOI 10. 1111/1744-7917. 12 823.

Zhang W, Yu HY, Lv YX, Bushley KE, Wickham JD, Gao SH, Hu SN, Zhao LL, Sun JH. 2020. Gene family expansion of pinewood nematode to detoxify its host defence chemicals. *Molecular Ecology*, https://doi. org/10.1111/mec. 15 378.

Meng J, Wickham JD, Ren WL, Zhao LL, Sun JH. 2020. Species displacement facilitated by ascarosides between two sympatric sibling species - A native and invasive nematode. *Journal of Pest Science*, https://doi.org/10. 1007/s10340-020-01206-w.

Yixia Wu, Jacob D. Wickham, Lilin Zhao and Jianghua Sun. 2019. CO2 drives pine wood nematodes off its insect vector. *Current Biology*, 29, R603-R622.

Wei Zhang, Lilin Zhao, Jiao Zhou, Haiying Yu, Chi Zhang, Yunxue Lv, Zhe Lin, Songnian Hu, Zhen Zou, Jianghua Sun 2019. Enhancent of oxidative stress contributes to increased pathogenicity of an invasive pathogen pine wood nematode. *Philosophical Transactions of Royal Society B*: *Biological Sciences* 374: 20180323.

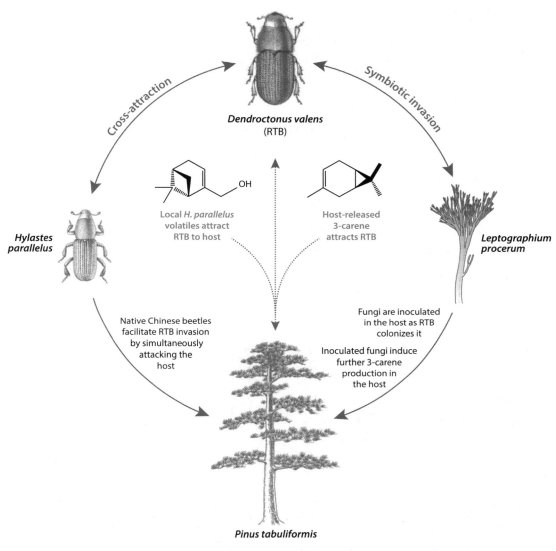

图 11 "虫菌共生入侵" 假说

孙晓玲（中国农业科学院茶叶研究所）

1. 主要研究方向及内容

从事昆虫与茶树互作关系的化学与分子机制、利用化学生态学原理治理茶树害虫及抗性品种选育等方面的研究工作，重点揭示虫害诱导茶树防御反应以及害虫应对茶树防御反应的化学与分子机制。目前的研究方向主要有：茶树诱导防御反应的化学与分子机制及其利用；植食性昆虫适应茶树防御反应的化学与分子机制；茶树种质资源的抗性鉴定及抗性品种选育和创制。

2. 代表性成果

茶树与灰茶尺蠖互作关系的化学与分子机制

儿茶素是茶叶中的关键风味物质和功能成分。对茶树儿茶素类化合物的研究多集中于生物合成、对非生物胁迫的响应，以及利用低温、遮阴等非生物胁迫方法调控茶树中儿茶素类化合物的含量从而改善茶叶品质等方面。目前，儿茶素已被证明是黑杨体内重要的诱导抗菌活性成分。然而，儿茶素是否是植物体内的诱导抗虫物质至今尚未见报道。因此，研究人员以此为切入点系统地研究了灰茶尺蠖幼虫取食为害对后续幼虫生长发育、儿茶素各组分含量和多种植物激素含量的影响；在明确差异儿茶素组分可显著降低灰茶尺蠖幼虫生长发育速率的基础上，深入探究了重要信号途径在其中的调控作用。研究结果表明，灰茶尺蠖幼虫取食通过诱导茶树儿茶素、表儿茶素和表没食子儿茶素、没食子酸酯含量的显著积累，最终产生直接防御反应；这一过程受茉莉酸、乙烯和植物生长素信号途径的共同调控（图12）。该项研究不仅建立了模拟灰茶尺蠖幼虫取食的标准化方法，而且极大地推动了对茶树与灰茶尺蠖互作关系的理解。

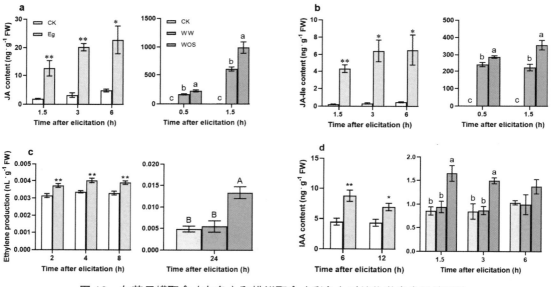

图 12　灰茶尺蠖取食（灰色）和模拟取食（彩色）对植物激素含量的影响

3. 代表性论文

Jing TT, Qian XN, Du WK, Gao T, Li DF, Guo DY, He F, Yu GM, Li SP, Schwab W, Wan XC, Sun XL, Song CK. 2021. Herbivore-induced volatiles influence moth preference by increasing the *β*-Ocimene emission of neighbouring tea plants. *Plant Cell Environ*, 44: 3 667–3 680.

Ye M, Liu MM, Erb M, Glauser G, Zhang J, Li XW, Sun XL. 2021. Indoleprimes defense signaling and increases herbivore resistance in tea plants. *Plant Cell Environ*, 44(4): 1 165–1 177.

Zhang J, Sun XL. 2020. Recent advances in polyphenol oxidase-mediated plant stress responses. *Phytochemistry*, 181: 112588.

Xu W, Dong YN, Yu YC, Xing YX, Li XW, Zhang X, Hou XJ, Sun XL. 2020. Identification and evaluation of reliable reference genes for quantitativereal–time PCR analysis in tea plants under differential biotic stresses. *SciRep–UK*, 10: 2429.

Zhang J, Zhang X, Ye M, LiXW, Lin SB, Sun XL. 2020. The jasmonic acid pathway positively regulates the polyphenol oxidase-based defense against tea geometrid caterpillars in the tea plant (*Camellia sinensis*). *J Chem Ecol*, 4: 308–316.

Lin SB, Dong YN, Li XW, Xing YX, Liu MM, Sun XL. 2020. JA-Ile-Macrolactone 5b induces tea plant (*Camellia sinensis*) resistance to both herbivore Ectropis obliqua and pathogen Colletotrichum camelliae. *Int J Mol Sci*, 21: 1828.

Zhang X, Ran W, Liu FJ, Li XW, Hao WJ, Sun XL. 2020. Cloning, expression and enzymatic characterization of a cystatin gene involved in herbivore defense in tea plant (*Camellia sinensis*). *Chemoecology*, 1-12.https://doi. org/10. 1007/s00049-020-00312-6 (IF=1.725).

Lin SB, Wang WW, Meng JP, Li XW, Wu J, Sun XL. 2019. A transition metal-free approach to a regioselective total synthesis of the natural product derivative 6-methylellipticine, a potent anticancer agent. *Tetrahedron Lett*, https://doi.org/10.1016/j.tetlet.2019.151309 (IF=2.415).

Chen SL, Lu XT, Ge LG, Sun XL, Xin ZJ. 2019. Wound- and pathogen- activated de novo JA synthesis using different ACX isozymes in tea plant (*Camellia sinensis*). *J Plant Physiol*, 243: 153047. https://doi.org/10. 1016/ j.jplph.2019.153047 (IF=3.549).

Xin ZJ, Ge LG, Chen SL, Sun XL. 2019. Enhanced transcriptome responses in herbivore-infested tea plants by the green leaf volatile (*Z*)-3-hexenol. J *Plant Res*, 132(2):285–293 (IF=2.629).

Xin ZJ, ChenSL, Ge LF, Li XW, Sun XL. 2019. The involvement of a herbivore-induced acyl-CoA oxidase gene, CsACX1, in the synthesis of jasmonic acid and its expression in flower opening in tea plant (*Camellia sinensis*). *Plant Physiol Biochem*, 135: 132–140 (IF=4.270).

谭垦（中国科学院西双版纳热带植物园）

1. 主要研究方向及内容

立足于生物多样性丰富的大西南地区，致力于传粉昆虫的保护和利用。主要研究蜜蜂对外界不良环境（有毒花蜜、农药等）的响应机制；蜜蜂与花、蜜蜂与天敌的协同进化机制。近年来，团队在揭示蜜蜂与天敌的协同进化及社会性昆虫的觅食、防御、繁殖等的通信行为方面取得了重要的原创性成果，研究成果相继发表于 *Science*、*PNAS*、*Current Biology*、*PLoS Biology*、*Journal of Animal Ecology*、*Animal Behaviour*、*Entomologia Generalis* 等国际权威学术刊物。

2. 代表性成果

鉴定金环胡蜂和凹纹胡蜂的性信息素和报警信息素

社会性昆虫胡蜂的繁殖策略和习性使得它们成为世界上最成功的入侵物种之一。凹纹胡蜂和金环胡蜂原本只分布于亚洲，近年来迅速在欧洲和美洲扩散，它们的入侵致使入侵地的蜜蜂养殖产业和依赖蜜蜂授粉的产业受到了重创，如何防治这两种胡蜂成为当下亟待解决的难题。昆虫信息素具有高效、专一的特点，作为行为控制剂在森林有害生物防治中具有广阔前景。其中性信息素用于诱杀交配个体或者干扰求偶行为，可有效抑制害虫繁殖。

　　研究发现凹纹胡蜂和金环胡蜂的性信息素均来源于处女王的腹板腺，凹纹胡蜂的性信息素主要成分为 4- 氧代辛酸和 4- 氧代癸酸，金环胡蜂的性信息素主要成分为己酸、辛酸和癸酸（图 13），研究成果发表在国际生物学期刊 *Current Biology*，该研究为运用信息素监测及控制这两种胡蜂提供了科学依据。

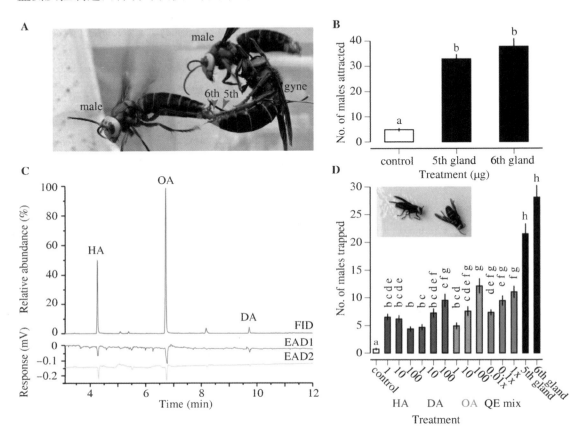

图 13　金环胡蜂性信息素的研究

A. 金环胡蜂雄蜂与金环胡蜂处女王交尾；B. 金环胡蜂雄蜂被金环胡蜂处女王腹板腺分泌物吸引；C. 金环胡蜂处女王性信息素的鉴定和对金环胡蜂雄蜂的触角电位反应；D. 金环胡蜂性信息素的生物活性测定

3. 代表性论文

Dong SH, Lin T, Nieh JC，Tan K. Social signal learning of the waggle dance in honey bees. *Science*, 2023, 379(6636): 1 015-1 018.

Wang ZW, Chen XX, Becker F, Greggers U, Walter S, Werner M, Gallistel CR, Menzel R. Honey bees infer source location from the dances of returning foragers. *PNAS*, 2023, 120 (12) e2213068120.

Dong SH, Sun AL, Tan K, Nieh JC. Identification of giant hornet Vespa mandarinia queen sex pheromone components. *Current Biology*, 2022, 32(5):R211–R212.

Cheng YN, Wen P, Tan K, Eric D. Designing a sex pheromone blend for attracting the yellow-legged hornet (Vespa velutina), a pest in its native and invasive ranges worldwide. *Entomologia Generalis*, 2022, 42(4): 523–530.

Dong SH, Tan K, Nieh JC. Visual contagion in prey defense signals can enhance honest defense. *Journal of*

Animal Ecology, 2021, 90:594–601.

Dong SH, Tan K, Zhang Q, Nieh JC. Playbacks of Asian honey bee stop signals demonstrate referential inhibitory communication. *Animal Behaviour*, 2019, 148: 29–37.

Gong ZW, Tan K and Nieh JC. Hornets possess long-lasting olfactory memories. *Journal of Experimental Biology*, 2019, 222, jeb200881.

Montero–Mendieta S, Tan K, Christmas MJ, Olsson A, Wallberg CVA, Webster MT. The genomic basis of adaptation to high-altitude habitats in the eastern honey bee (*Apis cerana*). *Molecular Ecology*, 2019, 28: 746–760.

Dong SH, Wen P, Zhang Q, Wang Y, Cheng YN, Tan K, Nieh JC. Olfactory eavesdropping of predator alarm pheromone by sympatric but not allopatric prey. *Animal Behaviour*, 2018, 141: 115–125.

Wen XL, Wen P, Dahlsjö CAL, Sillam-Dussès D, Šobotník J. Breaking the cipher: ant eavesdropping on the variational trail pheromone of its termite prey. Proceedings of the Royal Society B: *Biological Sciences*, 2017, 284:1853.

Ronai I, Allsopp MH, Tan K, Dong SH, Liu XW, Vergoz V, Oldroyd BP. The dynamic association between ovariole loss and sterility in adult honeybee workers. Proceedings of the Royal Society B: *Biological Sciences*, 2017, 284: 2016, 269.

Tan K, Dong SH, Li X, Liu XW, Wang C, Li JJ & Nieh JC. Honey bee inhibitory signaling is tuned to threat severity and can act as a colony alarm signal. *PLoS Biology*, 2016, 14(3): e1002423.

王琛柱（中国科学院动物研究所）

1. 主要研究方向及内容

昆虫如何选择寄主，如何找到自己的配偶，这是王琛柱研究员及其团队着重回答的问题。无论是昆虫觅食还是择偶，信息化学物质都起非常重要的作用。在昆虫与植物关系方面，该团队秉承我国著名昆虫生理学家钦俊德院士的思想，认为昆虫一般先以嗅觉和味觉等来辨识植物的信息物质，然后通过营养与解毒代谢以适应其化学组分而建立和维持种群。在昆虫种内化学通信方面，该团队着眼于通信系统的两个环节——信息素的产生和接收，探索通信系统的结构、功能及其演化。该团队的研究内容主要是阐明寄主植物–植食性昆虫–寄生蜂三级营养相互作用的生理基础，揭示两性间性信息素联系的分子机制，检验和发展生物协同进化理论，寻找与环境相容的持续控制害虫的新方法和新途径。

2. 代表性成果

鉴定首个菜粉蝶感受黑芥子苷的味觉受体

2021 年 7 月 15 日，该团队在 PLoS Genetics 在线发表题为 Identification of a gustatory receptor tuned to sinigrin in the cabbage butterfly *Pieris rapae* 的研究论文。该研究鉴定 *PrapGr28* 是菜粉蝶感受黑芥子苷（sinigrin）的味觉受体，黑芥子苷是十字花科植物中最常见和最丰富的芥子油苷类化合物（glucosinolates），且是一种强有力的幼虫取食刺激物。

芥子油苷类化合物是许多十字花科专食性昆虫选择宿主的标志性刺激物，但是这些昆虫选择宿主的分子基础仍然是未知的。该团队通过结合行为学、电生理学和分子生物学方法，研究菜粉蝶中芥子油苷类化合物的受体。黑芥子苷作为一种强有力取食刺激物，能引起菜粉蝶幼虫外颚叶上的侧栓锥感器以及成虫前足跗节 lateral 感器的电生理反应。菜粉蝶两个味觉受体基因 *PrapGr28* 和 *PrapGr15* 在雌性跗节中高表达，随后的功能分析表明，仅表达 *PrapGr28* 的非洲爪蟾卵母细胞对黑芥子苷有特异性反应；将 *PrapGr28* 异位表达在果蝇糖感受神经元中时，*PrapGr28* 赋予了这些神经元对黑芥子苷的敏感性。RNA 干扰实验进一步表明，敲低 *PrapGr28* 降低了成虫前足跗节 medial 感器对黑芥子苷的敏感性。综上，*PrapGr28* 是菜粉蝶感受黑芥子苷的味觉受体，该研究为揭示十字花科植物和它们的专食性昆虫之间关系的分子基础开辟了新的道路。

首次阐明烟青虫产卵器具有嗅觉功能，可感受寄主植物气味

2020 年 6 月 22 日，该团队在 eLife 上发表了题为 *A moth odorant receptor highly expressed in the ovipositor is involved in detecting host-plant volatiles* 的文章，发现一个气味受体在一种蛾的产卵器中高表达，能够探测寄主植物散发的气味物质，帮助这种蛾确定产卵的准确位置。此前，有研究发现有气味受体在昆虫产卵器中表达，但一直不知道其在产卵器中的功能。eLife 还专门对该文做了题为 *How a moth knows where to lay its eggs* 的文摘报道。

通过转录组测序，该团队意外地发现有一个气味受体 OR31 在烟青虫雌蛾的腹部末端高表达，其表达量远高于它在触角中的水平，而在棉铃虫上没有这种情况。他们首先探究 OR31 在产卵器中是否与 ORco 共表达。利用双色原位杂交方法，他们发现 OR31 和 ORco 在产卵器细胞中存在共表达的情况，接着他们将 OR31 和 ORco 共表达于非洲爪蟾卵母细胞中，结合双电极电压钳技术，筛选出 12 种能够引起明显电流变化的配体化合物，其中顺 -3- 己烯丁酸酯（ *Z*-3-Hexenyl butyrate ）最为有效。通过扫描电镜观察，发现产卵器上存在类似触角上毛形感器的结构，它们除了有一个顶孔外，其壁上还有很多微孔，确认这些感器不仅司味觉，还具有嗅觉的功能。进一步通过单感器记录，明确这些气味化合物可以引起产卵器上一些毛形感器的电生理反应。

为验证雌蛾产卵过程中不只是触角起嗅觉作用，该团队比较了正常雌蛾和切除触角后的雌蛾对辣椒气味的产卵选择反应。结果表明，切除触角的雌蛾仍然偏好在有辣椒气味的介质上产卵，尽管其偏好指数与正常雌蛾相比有显著降低。另一个产卵选择实验则直接用顺 -3- 己烯丁酸酯处理产卵介质，发现切除触角的雌蛾和正常雌蛾都偏好在其上产卵，且二者的偏好指数没有差异，这说明雌蛾在感受寄主植物的气味混合物时触角和产卵器并用，而感受顺 -3- 己烯丁酸酯似乎主要由产卵器控制。基于以上结果，研究人员认为在产卵器中表达的 OR31 有助于烟青虫在为数不多的寄主植物上准确地找到产卵位置。

3. 代表性论文

Yang J, Guo H, Jiang NJ, Tang R, Li GC, Huang LQ, van Loon JJA & Wang CZ (2021). Identification of a gustatory receptor tuned to sinigrin in the cabbage butterfly *Pieris rapae*. *PLoS Genetics*, 17, e1009527.

Jiang NJ, Mo BT, Guo H, Yang J, Tang R & Wang CZ (2021). Revisiting the sex pheromone of the fall armyworm *Spodoptera frugiperda*, a new invasive pest in South China. *Insect Science*. doi 10.1111/1744–7917.12956.

Guo H, Guo PP, Sun YL, Huang LQ & Wang CZ (2021). Contribution of odorant binding proteins to olfactory detection of (Z)-11-hexadecenal in *Helicoverpa armigera*. *Insect Biochemistry and Molecular Biology*, 131: 103554. doi:https://doi.org/10.1016/j.ibmb.2021.103554.

Yang K, Gong XL, Li GC, Huang LQ, Ning C & Wang CZ (2020). A gustatory receptor tuned to the steroid plant hormone brassinolide in *Plutella xylostella* (Lepidoptera: Plutellidae). eLife 9: e64114. doi:10.7554/eLife.64114.

Li RT, Huang LQ, Dong JF & Wang CZ (2020) A moth odorant receptor highly expressed in the ovipositor is involved in detecting host-plant volatiles. eLife, 9: e53706.

Jiang NJ, Tang R, Guo H, Ning C, Li JC, Wu H, Huang LQ & Wang CZ (2020). Olfactory coding of intra- and interspecific pheromonal messages by the male *Mythimna separata* in North China. *Insect Biochemistry and Molecular Biology*, 125: 103439.

Tang R, Jiang NJ, Ning C, Li GC, Huang LQ & Wang CZ (2020). The olfactory reception of acetic acid and ionotropic receptors in the Oriental armyworm, *Mythimna separata* Walker. *Insect Biochemistry and Molecular Biology*, 118: 103312.

Jiang NJ, Tang R, Wu H, Xu M, Ning C, Huang LQ & Wang CZ (2019). Dissecting sex pheromone communication of *Mythimna separata* (Walker) in North China from receptor molecules and antennal lobes to behavior. *Insect Biochemistry and Molecular Biology*, 111: 103176.

Wu H, Li RT, Dong JF, Jiang NJ, Huang LQ & Wang CZ (2019). An odorant receptor and glomerulus responding to farnesene in *Helicoverpa assulta* (Lepidoptera: Noctuidae). *Insect Biochemistry and Molecular Biology*, 115: 103106.

Sun YL, Dong JF, Ning C, Ding PP, Huang LQ, Sun JG & Wang CZ (2019). An odorant receptor mediates the attractiveness of cis-jasmone to *Campoletis chlorideae*, the endoparasitoid of *Helicoverpa armigera*. *Insect Molecular Biology*, 28: 23–34.

Yang K, Huang LQ, Ning C & Wang CZ (2017). Two single-point mutations shift the ligand selectivity of a pheromone receptor between two closely related moth species. eLife, 6: e29100.

王桂荣（中国农业科学院植物保护研究所）

1. 主要研究方向及内容

团队主要针对我国重要农业害虫棉铃虫、玉米螟、蚜虫等，综合利用生物信息学、分子生物学、电生理学和组学技术，对其嗅觉识别的分子机制和神经机制进行研究。主要研究方向包括：①昆虫嗅觉编码的分子机制及应用；②寄主–害虫–天敌互作机制。

2. 代表性成果

揭示鳞翅目害虫通过气味受体组合编码性信息素的机制，解析了性信息素拮抗剂调控害虫最优交配时机的机制

鉴定了棉铃虫、小菜蛾等多种鳞翅目害虫气味受体基因家族，通过功能研究发现，鳞翅目害虫利用6~8个保守的气味受体（称为性信息素受体，PRs）识别性信息素成分。PRs对性信息素的反应特别灵敏，虽然反应谱窄，但是PRs与性信息素之间不是以前认为的一一对应关系，几个PRs通过组合共同识别性信息素。在果蝇"空神经元"中表达棉铃虫 PRs，发现原来没有功能的果蝇"空神经元"恢复了功能，该神经的功能与 PRs 的功能相同，证明 PRs 决定了神经的功能。利用这种方法解析了所有 PRs 的功能，结合对嗅觉受体神经功能的研究，构建了棉铃虫及近缘种的 PRs 和神经的分子图谱，明确了 PRs 和神经的对应关系，解析了棉铃虫识别性信息素的分子机制。以上研究中鳞翅目蛾类的 PRs 在气味受体的进化树中均聚类在同一个分支。该团队与法国 E. Jacquin-Joly 教授团队合作，通过比较基因组学技术从 3 种灰翅夜蛾属蛾类中鉴定获得了一个新的 PRs 分支。此 PRs 分支与已知的经典 PRs 分支在进化上明显分离，但其中的受体也能被性信息素激活。因此该团队提出蛾类的 PRs 在进化上并不是起源于同一祖先，扩展了对昆虫 PRs 进化的认识。

研究发现，棉铃虫雌蛾性信息素腺体内性信息素主成分的含量与交配高峰期不一致，但其中性信息素拮抗剂 Z11-16:OH 的含量与交配率呈负相关，由此推断"性信息素拮抗剂 Z11-16:OH 可能参与调控棉铃虫的交配"。利用 CRISPR/Cas9 敲除棉铃虫感受 Z11-16:OH 的受体 *HarmOR16*，突变体雄虫丧失了对 Z11-16:OH 的电生理反应以及驱避行为反应。更重要的是，突变体雄虫不能区分性成熟和未成熟的雌虫，在性信息素主成分的作用下与未成熟的雌虫进行交配，使子代的孵化率和存活率显著降低。基于上述研究结果，提出了性信息素拮抗剂与性信息素主组分一起参与调控害虫最优交配时间及其调控的分子机制，诠释了信息素拮抗剂参与调控害虫交配的机制，为基于性信息素拮抗剂开发害虫驱避剂和交配干扰剂提供了新的思路。

阐明了鳞翅目昆虫气味受体家族对寄主挥发物组合编码的分子基础，揭示了鳞翅目昆虫与被子植物协同进化新机制

针对昆虫如何识别寄主这一重要科学问题，对棉铃虫等鳞翅目昆虫寄主识别的机制进行了深入研究。与性信息素识别只通过少数几个 PRs 来完成不同，昆虫对寄主植物的识别是通过其庞大的普通气味受体家族来完成的。该团队对棉铃虫气味受体基因家族的功能进行了系统研究，测定了 44 个气味受体对 67 种寄主植物挥发物的反应，鉴定了 28 个气味受体的配体，绘制了棉铃虫气味受体家族的功能图谱，揭示了棉铃虫气味受体通过组合编码的方式识别复杂寄主挥发物的机制。

3. 代表性论文

Mengbo Guo, Lixiao Du, Qiuyan Chen, Yilu Feng, Jin Zhang, Xiaxuan Zhang, Ke Tian, Song Cao, Tianyu Huang, Emmanuelle Jacquin-Joly, Guirong Wang, Yang Liu. Odorant receptors for detecting flowering plant cues are functionally conserved across moths and butterflies. *Molecular Biology and Evolution*, 2021, 38(4): 1 413–1 427.

Yang Liu, Hangwei Liu, Hengchao Wang, Tianyu Huang, Bo Liu, Bin Yang, Lijuan Yin, Bin Li, Yan Zhang, Sai Zhang, Fan Jiang, Xiaxuan Zhang, Yuwei Ren, Bing Wang, Sen Wang, Yanhui Lu, Kongming Wu, Wei Fan, Guirong Wang. *Apolygus lucorum* genome provides insights into omnivorousness and mesophyll feeding. *Molecular Ecology Resources*, 2021, 21: 287–300.

Song Cao, Yang Liu, Bing Wang, Guirong Wang. A single point mutation causes one-way alteration of pheromone receptor function in two Heliothis species. *iScience*, 2021, 24: 102981.

Sai Zhang, Shuwei Yan, Zhixiang Zhang, Song Cao, Bin Li, Yang Liu, Guirong Wang. Identification and functional characterization of sex pheromone receptors in mirid bugs (Heteroptera: Miridae). *Insect Biochemistry and Molecular Biology*, 2021, 136 (2021): 103621.

Lucie Bastin-He´ line, Arthur de Fouchier, Song Cao, Fotini Koutroumpa, Gabriela Caballero-Vidal, Stefania Robakiewicz, Christelle Monsempes, Marie-Christine Francois, Tatiana Ribeyre, Annick Maria, Thomas Chertemps, Anne de Cian, William B Walker III, Guirong Wang, Emmanuelle Jacquin-Joly, Nicolas Montagne. A novel lineage of candidate pheromone receptors for sex communication in moths. *elife*, 2019, 8: e49826.

Paolo Pelosi, Immacolata Iovinella, Jiao Zhu, Guirong Wang, Francesca R. Dani. Beyond chemoreception: diverse tasks of soluble olfactory proteins in insects. *Biological Reviews*, 2018, 93(1): 184–200.

Weichan Cui, Bing Wang, Mengbo Guo, Yang Liu, Emmanuelle Jacquin-Joly, Shanchun Yan, Guirong Wang. A receptor-neuron correlate for the detection of attractive plant volatiles in *Helicoverpa assulta* (Lepidoptera: Noctuidae). *Insect Biochemistry and Molecular Biology*, 2018, 97: 31–39.

Hetan Chang, Yang Liu, Dong Ai, Xingchuan Jiang, Shuanglin Dong, Guirong Wang. A pheromone antagonist regulates optimal mating time in the moth *Helicoverpa armigera*. *Current Biology*, 2017, 27(11): 1 610–1 615.

Ruibin Zhang, Bing Wang, Gerarda Grossi, Patrizia Falabella, Yang Liu, Shanchun Yan, Jian Lu, Jinghui Xi, Guirong Wang. Molecular basis of alarm pheromone detection in aphids. *Current Biology*, 2017, 27(1): 55–61.

王满囷（华中农业大学）

1. 主要研究方向及内容

主要从事昆虫嗅觉感受机制、昆虫与植物互作、昆虫行为生态与适应进化、昆虫系统进化等方面的研究。团队以农林重要害虫为研究对象，重点研究植物 – 土壤 – 微生物 – 重要病原/害虫互作关系及生态调控机制，解析作物抵御多种生物与非生物逆境的分子机制，探索昆虫嗅觉感受的分子机制，发展有害生物生态调控技术。

2. 代表性成果

创新并建立了昆虫信息化学物质分离、鉴定体系，提出了多级营养之间互作时间动态作用的学术观点

灵敏的嗅觉对于昆虫适应环境和种群繁衍具有重要的生物学意义，信息素已经成为害虫化学生态和控制技术的热点，但鞘翅目特别是蛀干性害虫天牛类信息化学物质的分离、鉴定一直是个难点。在对杨树重要害虫云斑天牛信息化学物的分离、鉴定中，我们发现，当挥发物被吸附在吸附剂上时，按照传统的方法，以单一的溶剂（二氯甲烷或正己烷或两者混合）来对信息素进行洗脱时，所获得的化合物并不能够涵盖信息素所有的组分，进而导致了所鉴定的信息素活性并不是很好。该团队在此基础上，增加了用极性强的溶剂（甲醇）再次淋洗吸附剂的步骤，可将极性强且对天牛具有活性的组分成功洗脱下来。同时，在组分鉴定时，引进了包括 GC、LC 的多重手段，对有些基团位置的确定引入了硅烷化的方法。利用所建立的体系，对包括云斑天牛在内的多个害虫信息化学物质进行了分离、鉴定。研究结果不仅为蛀干性害虫防治提供了重要的理论基础和技术支持，同时也为利用其他害虫信息化学物质的分离、鉴定提供了理想的案例。

以稻田常见病害水稻白叶枯病及水稻－褐飞虱－天敌为研究系统，探明了水稻感染白叶枯病后，对褐飞虱的取食、寄主定位及天敌的行为产生了显著影响，且病害影响效应与白叶枯病对水稻侵染的时间相关；揭示了水稻感染白叶枯病不同时间后，可导致包括 α－蒎烯等 8 种水稻挥发物显著高于健康水稻和自身营养条件（主要是游离氨基酸的含量）发生改变，感病还导致褐飞虱取食诱导水稻产生的挥发物种类和含量发生改变，进而导致其天敌行为的发生改变。该研究的创新性在于证明了植物感病不同时间维度上对生态系统之间信息化学联系有明显影响，提出的多营养级之间互作时间动态作用的学术观点，为更好地分离、鉴定昆虫在复杂生态系统中的信息化学物质，发展有效的行为调节剂奠定了重要理论基础。

此外，该团队还发展了昆虫气味结合蛋白调节理论，提出了气味结合蛋白在昆虫嗅觉识别过程中存在"嗅觉补偿"效应的学术观点（图 14），以及提出了气味物质分子大小、化学键等多种因素共同决定了 OBPs 与气味物质结合特性，蛋白质 N 端参与 OBPs 与配基的结合与释放过程的学术观点。

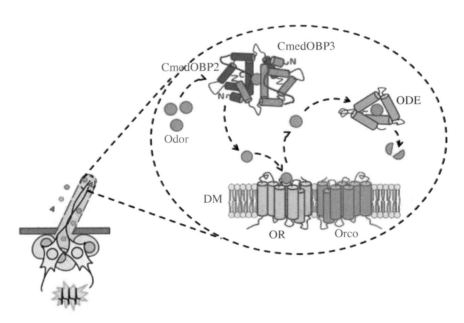

图 14　"嗅觉补偿"模式图（Sun et al., 2016）

3. 代表性论文

Aneela Younas, Muhammad Irfan Waris, Muhammad Shaaban, Muhammad Tahir ul Qamar, Man-Qun Wang. Appraisal of MsepCSP14 for chemosensory functions in *Mythimna separate*. *Insect Science*, 2021. https://doi.org/10.1111/1744–7917.12909.

Muhammad Irfan Waris, Aneela Younas, Asif Ameen, Fatima Rasool & Man-Qun Wang. Expression Profiles and Biochemical Analysis of Chemosensory Protein 3 from *Nilaparvata lugens* (Hemiptera: Delphacidae). *Journal of Chemical Ecology*, 2020, 46, 363–377.

Ze Sun, Tao Fan, Jin-Hua Shi, Chao Wang, Huanan Jin, Caroline Ngichop Foba & Man-Qun Wang. The control of the brown planthopper by the rice Bph14 gene is affected by nitrogen. *Pest Management Science*, 2020, 76: 3 649–3 656.

Jin-Hua Shi, Ze Sun, Xin-Jun Hu, Huanan Jin, Caroline Ngichop Foba, Hao Liu, Chao Wang, Le Liu, Feng-Feng Li, Man-Qun Wang. Rice defense responses are induced upon leaf rolling by an insect herbivore. *BMC Plant Biology*, 2019, 19: 514 (2019).

Shuang-Gang Duan, Dong-Zhen Li, Man-Qun Wang. Chemosensory proteins used as target for screening behaviourally active compounds in the rice pest *Cnaphalocrocis medinalis* (Lepidoptera: Pyralidae). *Insect Molecular Biology*, 2019, 28(1): 123–135.

Shuang-Feng Sun, Fang-Fang Zeng, Shan-Cheng Yi, Man-Qun Wang. Molecular screening of behaviorally active compounds with CmedOBP14 from the rice leaf folder *Cnaphalocrocis medinalis*. *Journal of Chemical Ecology*, 2019, 45: 849–857.

Feng-Feng Zeng, Hao Liu, Aijun Zhang, Zhong-Xian Lu, Walter Leal, Hazem Abdelnabby, Man-Qun Wang. Three chemosensory proteins from the rice leaf folder *Cnaphalocrocis medinalis* involved in host volatile and sex pheromone reception. *Insect Molecular Biology*, 2018, 27(6), 710–723.

Dong-Zhen Li, Rui-Nan Yang, Guangqiang Yu, Shan-Cheng Yi, Yinan Zhang, De-Xin Kong, Man-Qun Wang. Structural Transformation Detection Contributes to Screening of Behaviorally Active Compounds: Dynamic Binding Process Analysis of DhelOBP21 from *Dastarcus helophoroides*. *Journal of Chemical Ecology*, 2017: 43: 1 033–1 045.

Shi-Yu Yi, Dong-Zhen Li, Chang-Xiang Zhou, Yan-Long Tang, Hazem Abdelnabby, Man-Qun Wang. Screening behaviorally active compounds based on a fluorescence quenching and binding mechanism analyses of SspOBP7, an odorant binding protein from *Sclerodermus* sp. *International Journal of Biological Macromolecules*, 2017, 107(Pt B): 2 667–2 678.

Xiao Sun, Fang-Fang Zeng, Miao-Jun Yan, Aijun Zhang, Zhong-Xian Lu, Man-Qun Wang. Interactions of two odorant-binding proteins influence insect chemoreception. *Insect Molecular Biology*, 2016, 25(6), 712–723.

魏洪义（江西农业大学）

1. 主要研究方向及内容

课题组主要研究方向为毒剂对螟蛾性信息素通信系统的影响。课题组近年来主要以昆虫为动物模型，对重金属胁迫下昆虫生长发育、生殖行为、生理等进行了研究，并对其分子机制进行了初步探究。其中着重研究了重金属胁迫对昆虫性信息素通信系统的影响。

2. 代表性成果

重金属影响昆虫性信息素通信系统的分子机制研究

金属硫蛋白具有很高的半胱氨酸水平，能结合重金属离子形成金属螯合物，在重金属解毒中起着重要作用，是研究重金属响应及抗性的最重要的蛋白家族之一。该团队通过生物信息学方法，在昆虫转录组和基因组中注释到了 259 个推定的昆虫 MTs，涵盖了 14 个目 120 多个昆虫物种（图 15）。其中包括 27 种鳞翅目昆虫的 75 个 MTs。通过对这 75 个 MTs 蛋白序列进行进化分析发现，鳞翅目昆虫的 MT 主要聚类在 3 个大进化枝上。在鳞翅目昆虫的 MTs 中，该团队注释到 4 个亚洲玉米螟 MTs（图 15）。MT2 与 MT1 的同源性非常低，仅为 35%，亚洲玉米螟中出现基因家族扩增的 MT3 和 MT4 与 MT1 的相似性相对较高。且 MT3 和 MT4 蛋白序列相对较短，仅编码 38 个氨基酸。这些注释得到的 MTs 为后续进行亚洲玉米螟及其他昆虫的解毒功能研究奠定了很好的基础。

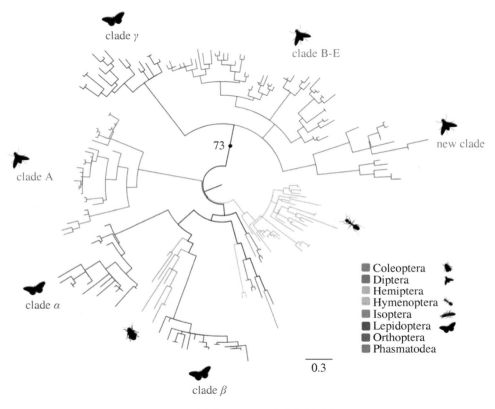

图 15　昆虫 MT 的系统进化树分析

重金属对昆虫性信息素通信系统的影响

目前在研究重金属污染对生物体的影响中，对动物生殖行为及其作用机制研究甚少，以性信息素介导的化学通信系统是动物生殖繁衍的重要一环，不容忽视。本课题组近年来以蛾类昆虫为动物模型，系统研究了重金属胁迫下动物体性信息素通信系统的影响。结果发现，亚洲玉米螟幼虫取食含重金属 Cd 饲料后，在求偶高峰期雌蛾求偶百分率显著降低，且求偶时长显著缩短（图 16）。研究还发现，Ni 对亚洲玉米螟雌蛾求偶行为的影响与 Cd 相一致。且受重金属胁迫后，雌蛾求偶高峰期推迟（曹红妹和魏洪义，2015）。

对雄蛾交配行为的研究发现，受重金属胁迫后，雄蛾对雌蛾的反应率降低，反应时长延长（Luo et al., 2020），且在不同重金属对亚洲玉米螟和二化螟中均出现类似的现象。说明重金属能降低昆虫的交配活性。

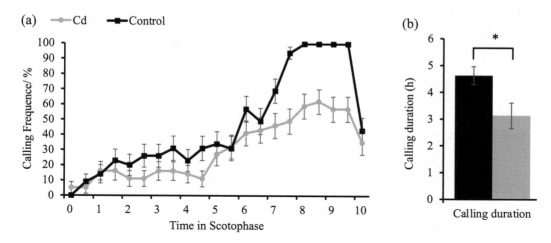

图 16 重金属 Cd 对亚洲玉米螟雌蛾（a）求偶百分率和（b）求偶时长的影响

为了探究昆虫交配行为受抑制的生理机制，分别测定了 Cd 处理组和对照组雌蛾的性信息素滴度。结果表明，受 Cd 胁迫后，亚洲玉米螟性信息素两种主要组分，Z/E 12-14:OAc 的滴度显著降低。

3. 代表性论文

Luo M, Cao H-M, Fan Y-Y, Zhou X-C, Chen J-X, Chung H, Wei H-Y. 2020. Bioaccumulation of cadmium affects development, mating behavior, and fecundity in the Asian corn borer, *Ostrinia furnacalis. Insects*, 11(1): 7; 1–11.

Luo M, Zhou X-C, Wang Z-N, Chen J-X, Chung H, Wei H-Y. 2019. Identification and gene expression analysis of the pheromone biosynthesis activating neuropeptide receptor (PBANR) from the *Ostrinia furnacalis* (Lepidoptera: Pyralidae). *Journal of Insect Science*, 19(2): 25; 1–5.

Mei Luo, Cédric Finet, Haosu Cong, Hong-yi Wei, Henry Chung. The evolution of insect metallothioneins. Proceeding of the Royal Society B: *Biological Science*, 2020, 287: 20202189.

Yu G-Z, Zheng L-X, Quan Y-D, Wei H-Y. 2018. Sublethal pesticide exposure improves resistance to infection in the Asian corn borer. *Ecological Entomology*, 43(3): 326–331.

Wang G-L, Huang X-L, Wei H-Y, Fademiro H Y. 2011. Sublethal effects of larval exposure to indoxacarb on reproductive activities of the diamondback moth, *Plutella xylostella* (L.) (Lepidoptera: Plutellidae). *Pesticide Biochemistry and Physiology*, 101(3):227–231.

Wei H-Y, Huang Y-P, Du J-W. 2004. Sex pheromones and reproductive behavior of *Spodoptera litura* (Fabricius) moths reared from larvae treated with four insecticides. *Journal of Chemical Ecology*, 30(7): 1 457–1 466.

曹红妹，郑丽霞，魏洪义 .2015. 重金属 Ni[2+] 对亚洲玉米螟生长发育和生殖行为的影响 . 昆虫学报，58(6): 650–657.

曹红妹，魏洪义 .2016. Cd[2+] 和 Ni[2+] 对亚洲玉米螟求偶行为的影响 . 应用昆虫学报，2016，53(4): 793–801.

张宇瑶，胡新娣，郑丽霞，魏洪义 . 2017. Cd[2+] 对二化螟生长发育及雄蛾对性信息素定向行为的影响 . 应用昆虫学报，39(02): 423–430.

魏建荣（河北大学）

1. 主要研究方向及内容

林木蛀干害虫、果实害虫化学生态，蛀干害虫生物防治。

2. 代表性成果

林木蛀干害虫光肩星天牛与桃红颈天牛化学生态学研究

近几年，在林木蛀干害虫光肩星天牛与桃红颈天牛化学生态学方面进行了较为深入的研究。采用三级营养研究手段对桃红颈天牛与两种寄生性天敌花绒寄甲与肿腿蜂的关系进行了深入探讨，发现源自松褐天牛的花绒寄甲种群是桃红颈天牛老熟幼虫、蛹的优秀天敌，管氏肿腿蜂是桃红颈天牛小幼虫的潜在有效天敌，目前已在林间开展了防治控制试验，取得了较好的防控效果。

近几年从桃红颈天牛雌、雄虫体上分别提取到 (R)-(+)-citronellal 和 E-2,Z-6-nonadienal 两种信息素类物质，前者被证明是雌虫释放的信息素，后者被其他研究小组证明是桃红颈天牛雄虫释放的性信息素痕量次要成分。还从桃果中分离、鉴定出茶螺烷 (2R,5R)-theaspirane，该化合物在室内、田间均可有效引诱桃红颈天牛雌、雄成虫，目前河北大学已将该化合物申请了应用于引诱桃红颈天牛成虫的发明专利。

采用单感器记录技术（SSR）研究了光肩星天牛雌、雄触角感器对聚集性信息素和一系列植物源挥发物的反应，发现近触角端部存在对聚集性信息素有反应的一类毛形感器，同时这类感器中还具有对一般植物挥发物有反应的嗅觉神经；在近触角中部，大量锥毛形感器对一些萜类挥发物（E、E-α-farnesene、E-β-farnesene、β-caryophyllene、eugenol）有强烈的反应，部分这类挥发物可增强聚集信息素对成虫的引诱效果，虽然此类感器也对聚集信息素有较弱的反应，但这类感器并非接收聚集性信息素的专用感器。

3. 代表性论文和专利

Cheng TM, Li YY, Sun F, Su Z, Cao DD, Wei JR. Optimized composite microspheres containing insecticide and attractant for control of *Rhagoletis batava obseuriosa* Kol. (Diptera: Tephritidae). *Journal of Applied Entomology*, 2021, 145, 707-715, https://doi.org/10.1111/jen.12885.

Cheng TM, Wei JR, Li YY. Preparation, characterization, and evaluation of PLA/gelatin microspheres containing both insecticide and attractant for control of *Rhagoletis batava obseuriosa* Kol. *Crop protection*, 2019, 124, 104783, doi: https://doi.org/10.1016/j.cropro.2019.04.007.

Liu JF, Wang ZY, Zhao J, Zhao L, Wang L, Su Z, Wei JR. HrCYP90B1 modulating brassinosteroid biosynthesis in sea buckthorn (*Hippophae rhamnoides* L) against fruit fly (*Rhagoletis batava obseuriosa* Kol.) infection. *Tree Physiology*, 2021, 41: 444-459. https://doi.org/10.1093/treephys/tpaa164.

Men J, Zhao B, Cao DD, Wang WC, Wei JR. Evaluating host location in three native *Sclerodermus* species and their ability to cause mortality in the wood borer *Aromia bungii* (Coleoptera: Cerambycidae) in laboratory. *Biological Control*, 2019, 134: 95–102.

Wan WC, Cao DD, Men J, Wei JR. (*R*)-(+)-citronellal identified as a female-produced sex pheromone of *Aromia bungii* (Coleoptera: Cerambycidae). *Egyptian Journal of Biological Pest Control*, 2018, 28, 77. https://doi.

org/ 10.1186/s41938-018-0083-7.

Wei JR, Zhou Q, Hall L, Myrick A, Hoover K, Shields K, Baker TC. Olfactory sensory neurons of the Asian Longhorned Beetle, *Anoplophora glabripennis*, specifically responsive to its two aggregation-sex pheromone components. *Journal of Chemical Ecology*, 2018, 44(7), 637–649.

Zhao B, Cheng TM, Li SS, Su Z, Wei JR. Attractants for *Rhagoletis batava obseuriosa*, a fruit fly pest of sea buckthorn. *International Journal of Pest Management*, 2019, 65(4): 324–331. doi: 10. 1080/ 09670874. 2018. 1515446.

门金, 曹丹丹, 赵斌, 王伟超, 刘鹏程, 魏建荣. 不同寄主来源种群花绒寄甲成虫对桃红颈天牛幼虫虫粪的行为趋性和种群控制效果. 昆虫学报, 2017, 60(2): 229–236.

魏建荣, 刘晓博, 牛艳玲, 王建军. 桃红颈天牛成虫虫体挥发物初步鉴定. 中国森林病虫, 2013, (9): 8–10.

王姣雪, 颜学武, 曹丹丹, 杨兵军, 赵正萍, 魏建荣. 花绒寄甲控制果园桃红颈天牛的研究. 中国森林病虫, 2021, 40(5): 16–20.

专利:

曹丹丹, 王伟超, 魏建荣, 陈俊蓉. 桃红颈天牛成虫引诱剂及 (2R,5R)- 茶螺烷的用途. 河北大学. 专利号: ZL201910178907.X, 授权公告号: CN109769820B, 授权公告日: 2021.2.2

吴建强（中国科学院昆明植物研究所）

1. 主要研究方向及内容

以玉米为主要研究材料，探究玉米抵御主要害虫的分子机制，如抗虫相关基因如何和玉米主要激素信号途径互作，如何通过调控直接抗虫化合物（丁布类物质）和间接抗虫相关化合物（虫害诱导挥发物）进而介导了直接和间接抗虫性。

以菟丝子为研究模型，探究寄生植物与寄主植物的互作，如菟丝子如何在连接的不同寄主之间，传递抗虫、营养缺失（缺氮、缺磷）、抗旱相关信号及其他生物分子，以及这些信号及生物分子传递的生态学意义等。

2. 代表性成果

玉米抵御黏虫分子机制

黏虫是我国玉米生产面临的重要威胁之一。团队通过转录组、代谢组并结合植物激素等分析发现，玉米在受到黏虫取食后，可以特异识别黏虫口腔分泌物中的激发子，启动基因转录、蛋白表达，以及合成和积累抗虫相关次生代谢产物，从而增强自身对黏虫的抗性。进一步通过模拟黏虫为害处理，研究系统性叶片，探究虫害诱导信号的传递模式、发挥的功能，发现机械损伤及模拟黏虫取食诱导的信号可以沿着从叶基部到叶尖方向传递（但不能反向传递），表现为在系统叶片中诱导茉莉酸的合成以及丁布的积累。但是丁布的积累不受机械损伤诱导，只有在模拟黏虫取食后才诱导积累，预示了黏虫口腔分泌物中的激发子在诱导系统抗虫性中的重要功能。该团队最近又发现，黏虫诱导的抗虫反应可以对玉米后期抗虫产生预警作用，即增强后期的抗虫能力，并通过突变体验证此诱导是通过预警丁布类物质的合成来实现的。

　　植物激素信号途径以及上游蛋白激酶信号途径均在模式植物的抗性响应中发挥重要功能。该团队发现紫外线可以通过激活玉米的茉莉酸信号途径，增强丁布类物质的积累，进而提高玉米对斜纹夜蛾的抗性（Qi et al., 2018）。进一步研究发现，玉米中的一个蛋白激酶 ZmMPK6（为拟南芥 MPK6 的同源基因）可被模拟黏虫取食快速诱导，而通过转基因技术将其沉默后，模拟黏虫取食诱导的乙烯释放量显著下降，而抗虫丁布类化合物 DIMBOA 和 DIMBOA-Glc 的积累明显增多，同时转基因植物增强了对斜纹夜蛾、黏虫、玉米螟三种鳞翅目害虫的抗性。进一步对模拟黏虫取食处理的转基因玉米外施乙烯并检测其中的丁布含量，发现回补乙烯后，降低了转基因玉米中的丁布水平。以上结果表明：黏虫取食诱导 ZmMPK6 正调控乙烯合成，进而通过乙烯途径又负调控 DIMBOA 和 DIMBOA-Glc 的合成及植物的诱导抗虫性（Zhang et al., 2021）。

3. 代表性论文

Gao L, Shen G J, Zhang L D, et al. 2019. An efficient system composed of maize protoplast transfection and HPLC-MS for studying the biosynthesis and regulation of maize benzoxazinoids. *Plant Methods*, 15.

Guo J, Qi J, He K, et al. 2019. The Asian corn borer *Ostrinia furnacalis* feeding increases the direct and indirect defence of mid-whorl stage commercial maize in the field. *Plant Biotechnol J*, 17: 88–102.

Malook S U, Qi J F, Hettenhausen C, et al. 2019. The oriental armyworm (*Mythimna separata*) feeding induces systemic defence responses within and between maize leaves. *Philos T R Soc B*, 374.

Malook S U, Xu Y, Qi J, et al. 2021. *Mythimna separata* herbivory primes maize resistance in systemic leaves. *J Exp Bot*.

Qi J, Malook S u, Shen G, et al. 2018. Current understanding of maize and rice defense against insect herbivores. *Plant Diversity*, 40: 189–195.

Qi J, Sun G, Wang L, et al. 2016. Oral secretions from *Mythimna separata* insects specifically induce defence responses in maize as revealed by high-dimensional biological data. *Plant Cell Environ*, 39: 1 749–1 766.

Qi J F, Zhang M, Lu C K, et al. 2018. Ultraviolet-B enhances the resistance of multiple plant species to lepidopteran insect herbivory through the jasmonic acid pathway. *Sci Rep-Uk* 8: e: 277.

Song J, Liu H, Zhuang H F, et al. 2017. Transcriptomics and alternative splicing analyses reveal large differences between maize lines b73 and mo17 in response to aphid *Rhopalosiphum padi* infestation. *Front Plant Sci*, 8: e: 1 738.

Zhang C P, Li J, Li S, et al. 2021. ZmMPK6 and ethylene signalling negatively regulate the accumulation of anti-insect metabolites DIMBOA and DIMBOA-Glc in maize inbred line A188. *New Phytol*, 229: 2 273–2 287.

闫凤鸣（河南农业大学）

1. 主要研究方向及内容

　　主要研究刺吸式昆虫与植物相互关系、病毒 – 介体 – 植物互作关系的化学生态学，以及棉铃虫和烟青虫的信息素生物合成、味觉感受和神经生物学。

2. 代表性成果

病毒改变介体烟粉虱嗅觉敏感性的分子机制

2022 年 12 月 8 日，团队在国际学术期刊 *Pest Management Science* 在线发表了题为 *A plant virus enhances odorant-binding protein 5 (OBP5) in the vector whitefly for more actively olfactory orientation to the host plant* 的研究论文。该研究以重要入侵害虫烟粉虱（*Bemisia tabaci*）及其半持久特异传播的瓜类褪绿黄化病毒（cucurbit chlorotic yellows virus, CCYV）为研究对象，揭示了 CCYV 对介体昆虫烟粉虱嗅觉系统的调控机制。携带植物病毒的介体昆虫的感觉和行为均有很大的不同，植物病毒可以通过直接（修饰介体昆虫的感觉和行为）和间接（改变植物外观、次生物质、营养、防御等）的方式改变介体的适合度和对寄主植物的适应性。该研究通过行为选择实验发现，感染 CCYV 的烟粉虱对寄主植物黄瓜具有更高的嗅觉灵敏性，具体表现为对黄瓜植株的选择比例增加以及反应时间的减少（图 17）。利用转录组学技术筛选烟粉虱嗅觉相关基因的变化，结果表明，感染 CCYV 后，烟粉虱气味结合蛋白基因 *OBP5* 表达量显著提高。荧光定量 qRT-PCR 结果与其基本一致。说明 CCYV 的侵染对烟粉虱的嗅觉系统产生了影响。随后通过 RNAi 的方法对 *OBP5* 基因进行干扰实验，结果表明，干扰 *OBP5* 基因表达降低了烟粉虱对黄瓜植株的嗅觉灵敏性。为了进一步验证 *OBP5* 基因在烟粉虱寄主选择过程中的作用，通过 GC-MS 分析鉴定了黄瓜植株的挥发物成分，并通过 Y 形管实验进行烟粉虱的嗅觉行为反应测定。结果表明 α-蒎烯、苯甲醛、柠檬烯以及 β- 罗勒烯对烟粉虱均有明显的吸引作用，感染 CCYV 的烟粉虱对其选择性出现不同程度的增强，相反，干扰 *OBP5* 基因表达会降低烟粉虱对不同化合物的选择反应。

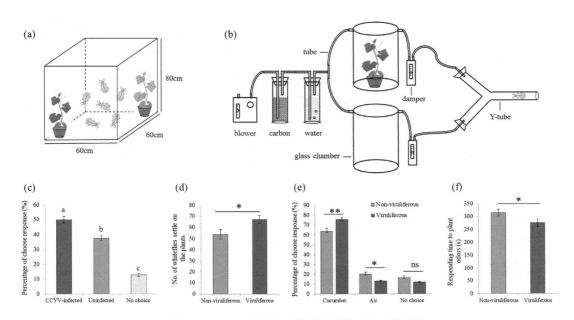

图 17　CCYV 改变了介体烟粉虱的寄主定位行为

3. 代表性论文

He HF, Li JJ, Zhang ZL, Yan MH, Zhang BB, Zhu CQ, Yan WL, Shi BZ, Wang YX, Zhao CC, Yan FM. A plant virus enhances odorant-binding protein 5 (OBP5) in the vector whitefly for more actively olfactory orientation to the host plant. *Pest Management Science*, 2022. https://doi.org/10.1002/ps.7313.

He HF, Zhao CC, Zhu CQ, Yan WL, Yan MH, Zhang ZL, Liu JL, Shi BZ, Bai RE, Li JJ, Yan FM. Discovery of novel whitefly vector proteins that interact with a virus capsid component mediating virion retention and transmission. *International Journal of Biological Macromolecules*, 2022. https://doi.org/10.1016/j.ijbiomac.2022.11.229.

Yan MH, He HF, Zhang ZL, Zhang BB, Zhu CQ, Yan WL, Zhao CC, Li JJ, Yan FM. Molecular basis of mutual benefits between cucurbit chlorotic yellows virus (CCYV) transmission and imidacloprid resistance in *Bemisia tabaci. Journal of Pest Science*, 2022. https://doi.org/10.1007/s10340-022-01553-w.

Zhang ZL, Zhang BB, He HF, Yan MH, Li JJ, Yan FM. Changes in visual and olfactory cues in virus-infected host plants alter the behavior of *Bemisia tabaci. Frontiers in Ecology and Evolution*, 2022, 10:766570. doi: 10.3389/fevo.2022.766570.

Zhang ZL, He HF, Yan MH, Zhao CC, Lei CY, Li JJ, Yan FM. Widely targeted analysis of metabolomic changes of *Cucumis sativus* induced by Cucurbit chlorotic yellows virus. *BMC Plant Biology*, 2022, 22:158 https://doi.org/10.1186/s12870-022-03555-3.

He HF, Li JJ, Zhang ZL, Tang XF, Song DY, Yan FM. Impacts of Cucurbit chlorotic yellows virus (CCYV) on biological characteristics of its vector *Bemisia tabaci* (Hemiptera: Aleyrodidae) MED Species. *Journal of Insect Science*. 2021. 21(5): 12; 1–7. https://doi.org/10.1093/jisesa/ieab084.

Lu SH, Li JJ, Bai RE, Yan FM. EPG-recorded feeding behaviors reveal adaptability and competitiveness in two species of *Bemisia tabaci* (Hemiptera: Aleyrodidae). *Journal of Insect Behavior*, 2021, 34(1): 26–40. doi: 10.1007/s10905–021–09765–1.

Lu SH, Chen MS, Li JJ, Shi Y, Gu QS, Yan FM. Changes in *Bemisia tabaci* feeding behaviors caused directly and indirectly by cucurbit chlorotic yellows virus. *Virology Journal*, 2019, 16:106. https://doi.org/10.1186/s12985-019-1215-8, ISSN: 1743–422X.

严善春（东北林业大学）

1. 主要研究方向及内容

研究病虫害进化变异和寄主林木易感机制，以及由此引发的连锁生物、生态响应，探索病虫害早期检测、诊断、预警新技术，以及寄主易感性评级、预测和诱导增强抗性新技术。

研究昆虫生长发育生态调控技术及行为干扰技术。研究昆虫肠道微生物可帮助昆虫消化、解毒、抵抗病原物，并为昆虫提供必需营养物质，影响昆虫的生长发育和其他生理过程的机制。

2. 代表性成果

植物源昆虫行为干扰剂的研发

研发了 α- 蒎烯、黑胡椒精油、叶醇、月桂烯、莰烯等的缓释微胶囊悬浮剂 5 种，其中引诱剂 3 种，驱避剂 2 种。确定了榆紫叶甲、杨扇舟蛾、落叶松毛虫、兴安落叶松鞘蛾、赤松梢斑螟和冷杉梢斑螟的生态安全监测防控技术，以及光肩星天牛信息素的林间应用技术。

重金属污染与林木抗虫性、害虫发生趋势的相关性研究

旨在揭示林木害虫暴发致灾与环境重金属污染的复杂关系。研究阐明了重金属污染沿食物链富集的转运特性，揭示了元素和化学防御共同构成重金属胁迫下林木对植食性昆虫的防御体系，提出了优化重金属污染地区害虫防控的必要性。提出了"联合效应"假说，解析重金属胁迫下可提升舞毒蛾和美国白蛾对病原物的敏感性，其主要调控机制是重金属胁迫导致昆虫先天免疫、肠道微生物和能量代谢紊乱，抑制了林木害虫的抗病性。

3. 代表性论文和专利

Jiang D, Yan SC. MeJA is more effective than JA in inducing defense responses in *Larix olgensis*. *Arthropod-Plant Interactions*, 2018, 12(1):49–56.

Men LN, Yan SC, Liu GJ. De novo characterization of *Larix gmelinii* (Rupr.) Rupr. transcriptome and analysis of its gene expression induced by jasmonates. *BMC Genomics*, 2013, 14(548): 1–14.

Meng ZJ, Yan SC, Yang CP, Jin H, Hu X. Behavioural responses of *Dendrolimus superans* and *Anastatus japonicus* to chemical defences induced by application of jasmonic acid on larch seedlings. *Scandinavian Journal of Forest Research*, 2011, 26(1): 53–60.

Jiang D, Wu S, Tan MT, Jiang H, Yan SC. The susceptibility of *Lymantria dispar* larvae to *Beauveria bassiana* under Cd stress: A multi-omics study. *Environmental Pollution*, 2021, 276 (116740): 1–10.

Jiang D, Tan MT, Guo QX, Yan SC. Transfer of heavy metal along food chain: a mini-review on insect susceptibility to entomopathogenic microorganisms under heavy metal stress. *Pest Management Science*, 2020, 77(3): 1 115–1 120.

Jiang D, Zhou YT, Tan MT, Zhang J, Guo QX, Yan SC. Cd exposure-induced growth retardation involves in energy metabolism disorder of midgut tissues in the gypsy moth larvae. *Environmental Pollution*, 2020, 266 (115173): 1–11.

专利：

严善春，周艳涛，孟昭军，严俊鑫，崔伟婵，姜虹，张文一，王嘉冰，侯亚会，张睿彬，谷岱霏，杨洋，高卓．光肩星天牛缓释诱芯的研制方法．中国发明专利，授权日期：2018 年 07 月 20 日，专利号：ZL 2015 1 0055684.X

严善春，周艳涛，孟昭军，严俊鑫，崔伟婵，姜虹，张文一，王嘉冰，侯亚会，张睿彬，谷岱霏，杨洋，高卓．光肩星天牛视觉效果改进型拦截挡板式诱捕器．中国发明专利，授权日期：2018 年 04 月 13 日，专利号：ZL 2015 1 0055629.0

严善春，周艳涛，孟昭军，严俊鑫，范丽清．改进型拦截挡板式天牛诱捕器及其监测防治天牛的方法．中国发明专利，授权日期：2016 年 03 月 02 日，专利号：ZL 2014 1 0039657.9

严善春，林健，刘文波，孟昭军，严俊鑫，王琪．α-蒎烯、月桂烯微胶囊悬浮剂的制备与应用．中国发明专利，授权日期：2015 年 10 月 28 日，专利号：ZL 2014 1 0063957.0

曾任森（福建农林大学）

1. 主要研究方向及内容

团队自 20 世纪 80 年代以来一直开展化学生态学研究，研究领域涉及植物之间、植物与微生物以及植物与昆虫之间化学相互关系等。重点研究作物抗虫的化学生态学机制；作物营养（硅和氮）、有益微生物、栽培措施和生物多样性对作物抗性和种间化学关系的影响；揭示作物抗性形成和警备激活机制，通过提高农作物自身的抗性进而减少农药的使用；阐明重大农业害虫抗药性形成与演化机制，为害虫抗药性控制奠定理论基础。

2. 代表性成果

茉莉酸信号介导植物 – 害虫 – 病原菌三级营养关系

广食性害虫棉铃虫取食微量生态浓度的茉莉酸后，能诱导昆虫中肠中的细胞色素 P450 酶引起黄曲霉毒素 B1 的生物活化（bioactivation），增强了真菌毒素对昆虫的毒性，从而抑制棉铃虫的生长发育，增加死亡率。该研究阐明了植物茉莉酸物质通过诱导昆虫 P450 生物活化增强真菌毒素的毒性而介导植物 - 害虫 - 病原菌三级营养关系，进而证明了昆虫反防御存在的生态成本，展示了茉莉酸与其他植物化学物质不同的特性与生态学功能（图 18）。其他植物化学物质如丁布、黄酮、香豆素等均诱导 P450 酶进行解毒，不能参与毒素的生物活化。该研究成果揭示了植物激素信号在调控广食性昆虫的细胞色素 P450 酶系和抗药性中的特殊功能；巧妙利用真菌毒素在昆虫体内生物活化原理验证了昆虫诱导解毒酶的反防御策略的生态代价，解开了昆虫不在体内维持高水平解毒酶的谜，因

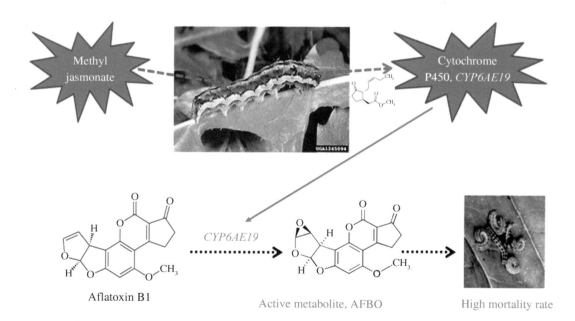

图 18   昆虫取食植物激发的茉莉酸诱导中肠 *CYP6AE19* 生物活化 AFB1 增强真菌毒素活性（Elzaki et al., 2019）

为这样会使得昆虫在遇到黄曲霉素等真菌毒素、植物中的吡咯烷生物碱以及有机磷农药这些能在动物体内生物活化的化学毒素时存在生态风险。

昆虫利用植物次生代谢物诱导 P450 解毒酶系形成反防御机制

植物与昆虫神奇的协同进化一直是化学生态学的一个研究热点。植食性昆虫为害可诱导植物产生抗虫物质和释放虫害诱导挥发物（HIPVs）对昆虫产生防御，然而昆虫如何应对植物化学防御产生反防御的研究很少。昆虫能够借助植物产生的抗虫物质（如丁布、香豆素等）诱导 P450 解毒酶等对植物的防御产生反防御（Chen et al., 2019；Sun et al., 2019；Lu et al., 2020）。黄酮和花椒毒素等植物抗虫物质能够引起活性氧暴发，激活 CncC 途径，进而诱导 P450 解毒酶基因表达，提高害虫对农药的抗性（Lu et al., 2020；Lu et al., 2020a,b）。更有意义的是广食性害虫斜纹夜蛾幼虫只要嗅觉器官闻到虫害诱导的番茄产生的挥发物，就可以诱导 P450 解毒酶提高对植物毒素与农药的解毒能力，进而提高昆虫的反防御能力（Sun et al, 2021）。研究成果阐明了植食性昆虫适应宿主植物 HIPVs 的新型反防御策略（图 19），对丰富植物防御 – 昆虫反防御与协同进化理论有重要意义，并为植物挥发物的田间生防应用提供指导。

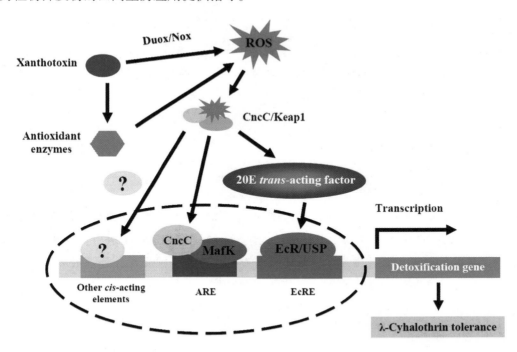

图 19　植食性昆虫借助宿主植物次生代谢物调控和诱导 P450 酶系统提高对农药抗药性的作用机制（Lu et al., 2020b）

3. 代表性论文

Sun ZX, Lin YB, Wang RM, Li QL, Shi Q, Baerson SR, Chen L, Zeng RS, Song YY. Olfactory perception of herbivore-induced plant volatiles elicits counter-defences in larvae of the tobacco cutworm. *Functional Ecology*, 2021, 35: 384–397.

Ding CH, Lin XH, Zuo Y, Yu ZL, Baerson SR, Pan Z, Zeng RS & Song Y. Transcription Factor OsbZIP49 Controls Tiller Angle and Plant Architecture through the Induction of Indole-3-acetic Acid-amido Synthetases in Rice. *The Plant Journal*, 2021, doi: 10.1111/tpj.15515.

Xu T, Xu M, Lu YY, Zhang WQ, Sun JH, Zeng RS, Turlings TCJ, Chen L. An ant trail pheromone suppresses dispersal and stimulates reproduction in mutualistic aphids. *Current Biology*, 2021, 31, 1–10. doi: 10.1016/j.cub. 2021. 08.032.

Lu K, Cheng YB, Li YM, Li WR, Zeng RS, & Song YY. Phytochemical flavone confers broad-spectrum tolerance to insecticides in *Spodoptera litura* by activating ROS/CncC-mediated xenobiotic detoxification pathways. *Journal of Agricultural and Food Chemistry*, 2021a, 69, 7 429–7 445.

Wang J, Song J, Wu XB, Deng QQ, Zhu ZY, Ren MJ, Ye M & Zeng RS. Seed priming with calcium chloride enhances wheat resistance against wheat aphid *Schizaphis graminum* Rondani. *Pest Management Science*, 2021, 77: 4709-4718. doi.org/10.1002/ps.6513.

Cheng YB, Li YM, Li WR, Song YY, Zeng RS, Lu K. Inhibition of hepatocyte nuclear factor 4 confers imidacloprid resistance in *Nilaparvata lugens* via the activation of cytochrome P450 and UDP-glycosyltransferase genes. *Chemosphere*, 2021, 263: 128269.

Lu K, Song Y, & Zeng R. The role of cytochrome P450-mediated detoxification in insect adaptation to xenobiotics. *Current Opinion in Insect Science*, 2021c, 43: 103–107. doi: 10.1016/j.cois.2020.11.004.

Wang J, Mason CJ, Ju XY, Xue RR, Tong L, Peiffer ML, Song YY, Zeng RS, Felton GW. Parasitoid causes cascading effects on plant induced defenses mediated through the gut bacteria of host caterpillars. *Frontiers in Microbiology*, 2021, 2502.

Ke LL, Wang Y, Schäfer M, Städler T, Zeng R, Fabian J., ... Song YY & Xu, SQ. Transcriptomic profiling reveals shared signalling networks between flower development and herbivory-induced responses in tomato. *Frontiers in Plant Science*, 2021, 1960.

张龙（中国农业大学）

1. 主要研究方向及内容

①蝗虫生物防治研究：创制了以蝗虫微孢子虫和信息技术为主的蝗虫绿色防控技术体系，在全国蝗区推广应用30余年，近些年在世界上一些国家和地区也进行了一些推广应用，均取得了良好的效果。②蝗虫化学感受机制研究：从感器、神经元、分子水平研究了飞蝗的化学感受的分布机制，率先在蝗虫和其他直翅目昆虫中鉴定出气味分子结合蛋白、气味分子受体、离子型受体等，并且对其性质和功能开展了研究。

2. 代表性成果

解析出了飞蝗气味分子结合蛋白LmigOBP1的晶体结构，明确了结合腔，探讨了与气味分子结合的行为

采用荧光竞争结合实验方法，明确了LmigOBP1对有15~17个碳原子的直链脂肪族醇、酯或醛有很强的亲和力，说明该蛋白有结合特异性。采用生物信息学技术模拟出更为合理的LmigOBP1的三维结构，进行对接实验，初步提出了飞蝗气味分子结合蛋白结合腔中可能参与结合十五醇的氨基酸残基，之后通过定点氨基酸突变将59位的丝氨酸、74

位的天冬酰胺和 87 位的缬氨酸分别用丙氨酸替代获得 3 个突变体蛋白（S59A，N74A，V87A），通过与野生型蛋白荧光竞争结合实验结果的比较，发现突变体 S59A 的结合模式与野生型相同，N74A 几乎丧失了全部结合能力，而 V87A 则对有些气味分子的结合能力有较大改变，因此，位于结合腔的开口处 74 位天冬酰胺是该蛋白的重要结合位点，位于结合腔底部的 87 位缬氨酸也是结合位点，通过结合前人的结果，团队首次提出了昆虫气味分子结合蛋白是依赖位于结合腔开口处的亲水性氨基酸实现对气味分子的初始识别假说（图 20）。

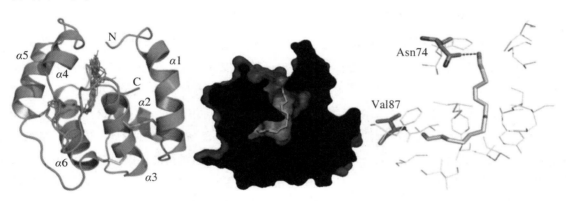

图 20　飞蝗气味分子结合蛋白与气味分子的结合位点（Jiang et al., 2009）

3. 代表性论文和专利

Li H, Wang P, Zhang L, Xu X, Cao Z, Zhang L. Expressions of olfactory proteins in locust olfactory organs and a palp odorant receptor involved in plant aldehydes detection. *Frontiers in Physiology*, 2018, 9:663.

Li H, You Y, Zhang L. Single sensillum recordings for locust palp sensilla basiconica. *JOVE*, 2018, 136, e57863.

Li J, Zhang L. Two sex-specific volatile compounds have sex-specific repulsion effects on adult locust, *Locusta migratoria* manilensis (meyen) (Orthoptera: Acrididae). *Entomological News*, 2018, 127 (4): 293–302.

Zhang L, Lecoq M, Latchininsky A, Hunter DM. Locust and grasshopper management. *Annual Review of Entomology*, 2019, 64: 15–34.

Zhang L, Lecoq M. *Nosema locustae* (Protozoa, Microsporidia), a biological agent for locust and grasshopper control. *Agronomy*, 2021, 11: 711.

Chen L, Gao X, Li R., Zhang L, Rui H, Wang L, Song Y, Xing Z, Liu T, Nie X, Nie F, Hua S, Zhang Z, Wang F, Ma R, Zhang L. Complete genome of a unicellular parasite (*Antonospora locustae*) and transcriptional interactions with its host locust. *Microbial Genomics*, 2020, 6(9): mgen000421.

Zhang L, Guo M, Zhuo F, Xu H, Zheng N, Zhang L. An odorant-binding protein mediates sexually dimorphic behaviors via binding male-specific 2-heptanone in migratory locust. *J Insect Physiol*, 2019, 118:103933.

专利：

张龙 . 一种蝗虫行为测定嗅觉仪 . 授权日期：2009 年，中国发明专利，专利号：ZL 2008 1 0056093.4

张龙，班丽萍，于艳雪 . 飞蝗中气味分子结合蛋白在原核系统中的高效表达 . 授权日期：2008 年 10 月 08 日，专利号：ZL 2004 1 0009964.9

于艳雪，张龙，班丽萍 . 飞蝗化学感受蛋白及其编码基因与该蛋白的表达方法 . 授权日期：2008 年 06 月 11 日，专利号：ZL 2006 1 0089372.1

获奖：

2019 年 Uvarov 奖，国际直翅目昆虫学会，张龙

2013 年中华农业科技奖一等奖，我国迁移性蝗害绿色防控技术研究与示范，农业部，张龙，杨普云，李林，鲁文高，郝树广，张杰，朱景全，林彦茹，翟辩清，张书敏，马恩波，梁小文，艾尼瓦尔·木沙，张志武，游银伟，黄俊霞，封传红，高倩，王贵强，王利民

2020 年教育部科技进步二等奖，蝗虫高效生物防治技术开发与集成应用，教育部，张龙，李林，朱景全，游银伟，班丽萍，尹学伟

张茂新（华南农业大学）

1. 主要研究方向及内容

团队的主要研究方向是植物源活性物质的分离、鉴定及其对植食性昆虫的化学防御机制。以苦瓜在生长过程中很少被植食性害虫为害的现象为切入点，系统研究了苦瓜茎叶不同萃取物对斜纹夜蛾、玉米螟、小菜蛾等重大农业害虫的毒性活性，进一步分离、鉴定了苦瓜素类活性化合物，并深入研究了活性化合物的杀虫作用机制，旨在明确苦瓜抗虫的作用机制，为寻找新的昆虫拒食活性物质，合理利用苦瓜资源提供科学依据。同时，以入侵检疫性非嗜食植物为研究对象，重点研究了不同组分提取物对黄曲条跳甲、小菜蛾、斜纹夜蛾、美洲斑潜蝇等重大农业害虫的化感作用，在此基础上研发了一系列利用化学生态功能分子防控害虫的技术。

2. 代表性成果

苦瓜活性化合物的分离、鉴定

前期研究结果表明，苦瓜茎叶中含有大量的、对多种农业害虫有明显拒食、抑制生长发育和毒杀作用的次生代谢物。课题组通过层析柱的前处理，采用高效液相色谱制备方法，制备分离得到苦瓜素 Ⅰ（Momordicin Ⅰ）、苦瓜素 Ⅱ（Momordicin Ⅱ）、Momordicoside L、Momordicoside K、Charantin A 和 Charantin B 等多种葫芦烷型四环三萜类化合物（图 21），纯度均高于 95%。其中 Charantin A 和 Charantin B 为首次分离得到的新化合物。

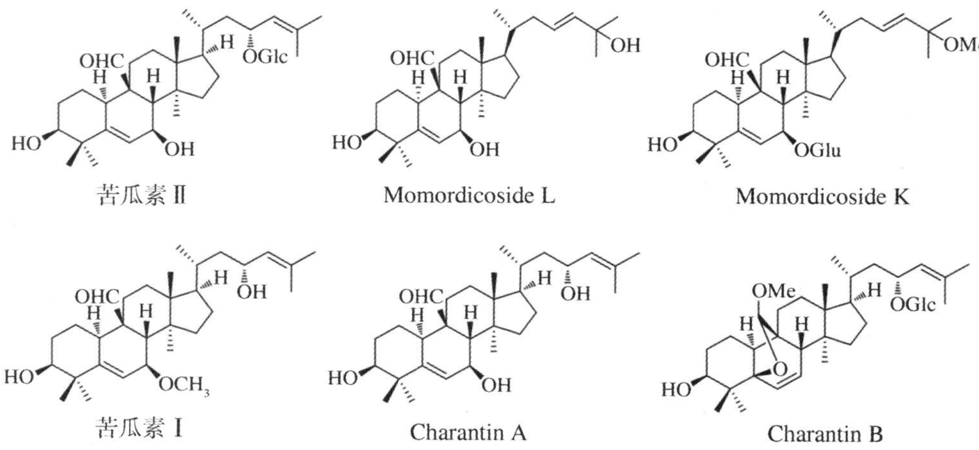

图 21　苦瓜素类化合物的化学结构式

检疫性入侵植物提取物对多种重大农业害虫的化感活性研究

马缨丹、飞机草、薇甘菊均是我国入侵性杂草，能严重破坏定殖生境内生态系统平衡。课题组依据"以害治害""变害为宝"的植物保护理念，系统研究入侵杂草与其适生环境中其他生物间的化学关系，旨在为开发其次生物质在病虫草害防治上的应用价值提供科学依据。研究发现，马缨丹乳油对黄曲条跳甲成虫有强烈、持续性的拒食活性，通过抑制取食，减少其对寄主植物的为害；马缨丹挥发油对美洲斑潜蝇成虫有强烈的拒食和产卵驱避活性；马缨丹甲醇提取物中含有大量的岩茨烯类五环三萜化合物，对小菜蛾和斜纹夜蛾幼虫有明显的拒食作用。此外，马缨丹鲜叶水提物对恶性杂草水葫芦生长有明显的抑制作用，进一步通过高效液相色谱分离确定马缨丹水提物含有 7 种酚类化合物，分别为水杨酸、龙胆酸、雷琐酸、香豆素、阿魏酸、对羟基苯甲酸和 6- 甲基香豆素。随后研究发现，水杨酸对水葫芦抑制活性最大，其次是香豆素和 6- 甲基香豆素。含羞草、腰果、波罗蜜、油梨、人心果、飞机草 6 种非寄主植物乙醇提取物对小菜蛾有较好拒食活性，波罗蜜、含羞草、腰果 3 种提取物对小菜蛾有较好的选择性产卵驱避作用，波罗蜜、含羞草、人心果、腰果 4 种提取物对小菜蛾有较好的非选择性产卵驱避作用。此外，应用四臂嗅觉仪测定了黄曲条跳甲成虫对薇甘菊、飞机草、蟛蜞菊、马缨丹和番茄 5 种非寄主植物挥发油的嗅觉反应，结果发现 5 种植物挥发油对黄曲条跳甲成虫都具有很强的驱避作用，进一步研究发现飞机草挥发油对黄曲条跳甲成虫有显著的驱避产卵活性，对稻瘟病菌有明显的抑菌活性；薇甘菊挥发油对小菜蛾、猿叶虫有显著的产卵驱避活性，同时也具有一定的触杀毒性，并通过 GC-MS 分析，鉴定了薇甘菊挥发油的化学成分，共鉴定了 22 个化合物，其中单萜和倍半萜及其醇和酮的衍生物是其主要成分。这些研究成果对利用入侵性杂草提取物及其活性物质进一步开发并应用于农业有害生物的综合治理具有重要的实践意义。

3. 代表性论文

Liu H, Wang GC, Zhang MX and Ling B. The cytotoxicology of momordicins I and II on *Spodoptera litura* cultured cell line SL-1. *Pesticide Biochemistry and Physiology*, 2015, 122: 110–118.

骆颖，凌冰，谢杰锋，张茂新. 苦瓜叶乙酸乙酯提取物对斜纹夜蛾实验种群的抑制作用. 生态学报，2012，32(13)：4 173–4 180.

刘欢，朱春亚，张茂新，凌冰. 苦瓜叶提取物对亚洲玉米螟的生物活性及对斜纹夜蛾卵巢细胞的毒力. 应用昆虫学报，2014，51(01)：212–220.

曹溪，朱春亚，张茂新，凌冰. 苦瓜素 I 对亚洲玉米螟的生物活性及对其幼虫体内代谢酶活性的影响. 昆虫学报，2015，58(06)：625–633.

罗剑峰，刘欢，郭子俊，王国才，凌冰. 苦瓜素 I 和苦瓜苷 B 对亚洲玉米螟 Ofh 细胞的增殖抑制和致坏死作用. 昆虫学报，2016，59(10)：1 093–1 102.

方月，朱春亚，曹溪，郭子俊，凌冰. 苦瓜素 I 对亚洲玉米螟幼虫酚氧化酶活性的抑制作用. 环境昆虫学报，2017，39(05)：1 105–1 113.

陈杰华，吴荣昌，向亚林，林芳源，张茂新. 水稻害虫生态调控系统中推 – 拉策略的初步应用. 环境昆虫学报，2018，40(03)：514–522.

田耀加，张茂新. 马缨丹乳油及其混剂对黄曲条跳甲的拒食活性. 生态学杂志，2010，29(05)：973–977.

易振，张茂新，凌冰. 马缨丹及其酚类化合物对水葫芦生长的抑制作用. 应用生态学报，2006：09，

1 637–1 640.

董易之，张茂新，凌冰. 马缨丹总岩茨烯对小菜蛾和斜纹夜蛾幼虫的拒食作用. 应用生态学报，2005，12，2 361–2 364.

张茜（河南大学）

1. 主要研究方向及内容

主要研究方向为植物 – 害虫 – 天敌互作、害虫生物防治。以玉米为主要研究对象，围绕植物 – 害虫 – 天敌的相互作用关系，综合昆虫生态学、行为学、生物化学与分子生物学等多学科研究手段，解析植物抗虫分子机制以及天敌提高自身寄生能力的多种有效策略。

2. 代表性成果

天敌在植物 – 害虫 – 天敌互作中对害虫防御的适应机制

团队针对天敌对害虫防御适应机制有待明晰的科学问题，围绕植物 – 害虫 – 天敌的相互作用关系，聚焦天敌与植物、害虫协同进化过程中对害虫防御的适应机制，阐释了天敌在其生活史的不同阶段提高自身寄生能力的有效策略，并取得了一些原创性成果（图22）。研究成果对揭示植物次生物质引起的害虫和天敌协同进化具有重要意义，同时也丰富了天敌对寄主行为的调控机制研究，为高效利用天敌提供了理论依据。

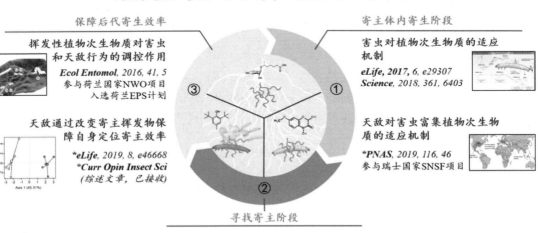

图 22　天敌在植物 – 害虫 – 天敌互作中对害虫防御的适应机制

3. 代表性论文

De Rijk M, Zhang X, Van der Loo JA, Engel BAS, Dicke M, Poelman EH. Density-mediated indirect interactions alter host foraging behaviour of parasitoids without altering foraging efficiency. *Ecological Entomology*, 2016, 41: 562-571.

Hu L, Mateo P, Ye M, Zhang X, Berset JD, Handrick V, Radisch D, Köllner TG. Gershenzon J, Robert CAM, Erb M. Plant iron acquisition strategy exploited by an insect herbivore. *Science*, 2018, 361: 694–697.

Hu L, Robert CAM, Cadot S, Zhang X, Ye M, Li B, Manzo D, Chervet N, Steinger T, van der Heijden MGA, Schlaeppi K, Erb M. Root exudate metabolites drive plant-soil feedbacks on growth and defense by shaping the rhizosphere microbiota. *Nature Communications*, 2018, 9: 27–38.

Machado RAR, Wüthrich D, Kuhnert P, Arce CC, Thönen L, Ruiz C, Zhang X, Robert CAM, Karimi J., Kamali S., Ma J. Whole-genome-based revisit of *Photorhabdus* phylogeny: proposal for the elevation of most *Photorhabdus* subspecies to the species level and description of one novel species *Photorhabdus bodeisp.* nov., and one novel subspecies *Photorhabdus laumondii* subsp. *clarkeisubsp.* nov. *International Journal of Systematic and Evolutionary Microbiology*, 2018, 68: 2 664–2 681.

Robert CAM, Zhang X, Machado RAR, Schirmer S, Lori M, Mateo P, Erb M, Gershenzon J. Sequestration and activation of plant toxins protect the western corn rootworm from enemies at multiple trophic levels. eLife, 2017. 6, e29307.

Van Doan C, Pfander M, Guyer A., Zhang X, Maurer C, & Robert CAM. Natural enemies of herbivores maintain their biological control potential under short-term exposure to future CO_2, temperature, and precipitation patterns. *Ecology and Evolution*, 2021, doi: 10.1002/ece3.7314.

Van Doan C, Züst T, Maurer C, Zhang X, Machado RAR, Mateo P, Ye M, Schimmel BCJ, Glauser G, Robert CAM. Volatile-mediated defense regulation occurs in maize leaves but not in maize roots. *Plant, cell & environment*, 2020, 0, 1–14.

Zhang X, Machado RAR, Doan V., Arce CC, Hu L, Robert CAM. Entopathogenic nematodes increase predation success by inducing specific cadaver volatiles that attract healthy herbivores. eLife, 2019, 8, e46668.

Zhang X, Doan VC, Arce CC, Hu L, Hibbard B, Hervé M, Robert CAM, Machado RAR, Erb M. Plant defense resistance in natural enemies of a specialist insect herbivore. *PNAS*, 2019, 116: 23 174–23 181.

张真，孔祥波（中国林业科学研究院森林生态环境与保护研究所）

1. 主要研究方向及内容

　　主要研究以松林、云杉林和杨树林为主的生态系统中害虫暴发机制和生态调控技术，重点研究对象包括松毛虫和小蠹虫等食叶害虫及蛀干害虫。以组学和化学生态学技术为研究手段，从害虫与寄主植物及环境关系入手，研究害虫发生及暴发的分子机制及化学生态学机制；同时针对我国重大生物灾害，研究精确、快速的自动化检测和监测技术，研发害虫可持续调控新技术；并结合人工智能、大数据等新技术及已有技术，形成害虫综合治理技术体系。主要研究内容包括：①昆虫分子生态及害虫分子调控技术开发：重点是松毛虫信息素感受及暴发的分子机制，同时研发对害虫的分子调控手段。②昆虫化学生态及信息化学物质应用技术：重点研究松毛虫和小蠹虫的种间化学生态学关系。开发重要的森林昆虫信息素，并研究其应用技术。③气候变化对森林害虫的影响及适应对策：重点研究森林生态系统及森林有害生物适应气候变化的机制和对策，探索气候变化背景下基于害虫为害机制的森林害虫的预测模型。

2. 代表性成果

松林、云杉林和杨树林为主的生态系统中害虫暴发机制和生态调控技术

揭示了松毛虫暴发的化学和分子生态学机制；阐明嗅觉系统在昆虫信息素种间精确识别过程中的功能；从小蠹虫 – 伴生菌（或竞争者）– 寄主之间的信息联系，揭示其暴发机制；利用 RNAi 或者基因编辑的方法开展森林昆虫重要基因功能研究，优化基因干扰效率，探索利用分子方法进行害虫种群控制；鉴定重要的舟蛾、尺蠖和小蠹虫的信息素，研究高效、高纯度的性信息素合成技术，开发相关信息素产品。研发林间监测和防治技术。

在"十三五"研究的基础上，将与相关公司合作研制的害虫自动远程监测仪与学科组所研制的信息素等技术结合，在全国范围内推广重要害虫的监测技术，提高森林害虫的监测准确性和科学性；针对以往的研究，形成以营造林措施为基础，及时准确监测为依据，以信息素等生物防治技术为手段的可持续生态调控技术，在有条件的典型地区进行推广应用。

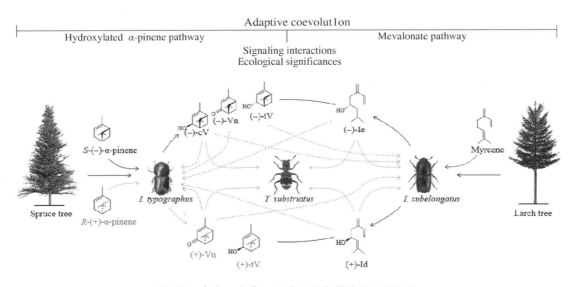

图 23　寄主 – 小蠹 – 天敌之间化学信号互作机制

3. 代表性论文

Fang JX, Liu M, Zhang SF, Liu F, Zhang Z, Zhang QH, Kong XB. Chemical signal interactions of the bark beetle with fungal symbionts, and host/non-host trees. Journal of Experimental Botany, 2020, 71(19): 6084–6091

Fang JX, Du HC, Shi X, Zhang SF, Liu F, Zhang Z, Zu PJ, Kong XB. Monoterpenoid signals and their transcriptional responses to feeding and juvenile hormoneregulation in bark beetle *Ips hauseri*. Journal of Experimental Biology, 2021, 224:jeb238030

Fang JX, Zhang SF, Liu F, Zhang Z, Cheng B, Zhang QH, Kong XB. Functional investigation of monoterpenes for improved understanding of the relationship between hosts and bark beetles. Journal of Applied Entomology, 2021, 145(4): 303–331

Gan W, Kong XB, Fang JX, Shi X, Zhang SF, Li YX, Qu LJ, Liu F, Zhang Z, Zhang FB, Zhang XY. A pH-responsive fluorescent nanopesticide for selective delivery and visualization in pine wood nematode control. Chemical Engineering Journal, 2023, 463: 142353

Liu F, Guo L, Zhang SF, Kong XB, Zhang Z. Synthesis and bioactivity of (13Z, 15E)-octadecadienal: A sex pheromone component from *Micromelalopha siversi* Staudinger (Lepidoptera: Notodontidae). Pest Management Science, 2021, 77(1): 264–272

Shen SF, Cao S, Zhang Z, Kong XB, Liu F, Wang GR, Zhang SF. Evolution of sex pheromone receptors in *Dendrolimus punctatus* Walker (Lepidoptera: Lasiocampidae) is divergent from other moth species.Insect Biochemistry and Molecular Biology, 2020, 122: 103375

Shi X, Fang JX, Du HC, Zhang SF, Liu F, Zhang Z, Kong XB. Performance of two Ips bark beetles and their associated pathogenic fungi on hosts reflects a species-specific association in the beetle-fungus complex, Frontiers in Plant Science. 2022,13(1029526)

Wang XJ, Liu F, Yun JP, Feng ZM, Jiang JS, Yang YN, Zhang PC. Iron-catalyzed synthesis of the hexahydrocyclopenta[c]furan core and concise total synthesis of polyfla vanostilbene B. Angewandte Chemie International Edition, 2018, 57(32): 10127–10131

Wu NN, Zhang SF, Li XW, Cao YH, Liu XJ, Wang QH, Liu Q, Liu HH, Hu X, Zhou XG, James AA, Zhang Z, Huang YP, Zhan S. Fall webworm genomes yield insights into rapid adaptation of invasive species. Nature Ecology & Evolution, 2019, 3(1): 105–115

Zhang X, Fan ZZ, Zhang R, Kong XB, Liu F, Fang JX, Zhang SF, Zhang Z. Bacteria-mediated RNAi for managing fall webworm, Hyphantria cunea : Screening target genes and analyzing lethal effect. Pest Management Science, 2023, 79: 1566–1577

Zhang SF, Kong XB, Ze SZ, Wang HB, Lin AZ, Liu F, Zhang Z. Discrimination of *cis-trans* sex pheromone components in two sympatric Lepidopteran species. Insect Biochemistry and Molecular Biology, 2016, 73: 47–54

Zhang SF, Shen SF, Peng J, Zhou X, Kong XB, Ren PP, Liu F, Han LL, Zhan S, Huang YP, Zhang AB, Zhang Z. Chromosome-level genome assembly of an important pine defoliator, *Dendrolimus punctatus* (Lepidoptera; Lasiocampidae). Molecular Ecology Resources, 2020, 20(4): 1023–1037

中捷四方崔艮中团队（北京中捷四方生物科技股份有限公司）

1. 主要研究方向及内容

主要研究方向为微量生物信息物质的开发、产品化及应用技术。研究内容包括成果转化及自主研发；昆虫信息素的剂型开发和合成开发；昆虫信息素配套装置的开发优化；植物信息素 / 植物化感物质的开发；微量生物信息物质的应用研究。

2. 代表性成果

信息素原药的低成本合成

为促进昆虫性信息素产品尤其是迷向产品大面积应用，中捷四方从信息素原药合成方面开展工作，开发昆虫信息素高效低成本规模化合成工艺，确保产量，降低价格。已建成梨小食心虫、苹果蠹蛾等害虫昆虫性信息素原药合成生产线近 10 条，年产能 40 t。已授权及正在申请的规模化合成工艺发明专利 10 项。

多种剂型的有效工厂化生产

随着昆虫信息素在我国应用面积的增加，以及我国昆虫信息素产品出口的增加，中捷四方通过自主开发建成不同剂型的昆虫信息素产品生产线，包括橡胶塞诱芯日产能 10 万粒，PVC/PE 诱芯日产能 5 万粒，管状迷向散发器日产能 10 万根。

配套装置的智能化、便捷化

信息素产品在应用时通常需要与相应配套装置结合，如监测诱捕所用的各类诱捕器，这些配套设备在我国绿色农业发展的过程中，提高了害虫的监测准确度和诱捕效果，可以满足日常生产的害虫绿色防控需求，但随着物联网等行业的迅速发展，我国人口老龄化结构凸显，市场对相关产品提出了新的需求，开发智能化、便捷化的配套设备已显得极为迫切。当前该团队已开发多种智能化设备，围绕以监测为主的物联网虫情测报系统，正在开发便捷型装置。系统全面形成后，将打通田间监测应用的最后一公里，使得系统监测覆盖面更广，测报更加准确全面，效率更高。以干扰交配技术为依托的智能设备已进入应用阶段，与传统的迷向散发器等产品相比，智能迷向装置可定时、定频，即根据害虫发生规律释放信息素，可大大降低应用成本，同时突破迷向装置持效期的问题，减少人工悬挂成本，节约大量人力和物力。

植物信息素的开发

与昆虫信息素类似，植物信息素是指能够通过信息传递对植物生长起到调控作用的微量生物信息物质。在该企业的产品技术开发中，根据正在研究开发的维大力（VDAL）的特性，不同于植物化感物质或植物诱导抗性，更明确地提出了植物信息素的概念。近年来，专家们提出"作物健康"的概念。在逆境到来前通过免疫诱导植物增强抗逆境胁迫能力，包括生物胁迫（各种病虫害）及非生物胁迫（极端天气等情况），使植物在逆境发生期能够较好地生长。免疫诱抗技术也是绿色防控技术范畴，其来源通常为蛋白类、氨基酸类、寡糖类等自然来源物质，在市场上也被宣传成为植物疫苗、免疫诱抗剂等。在此背景下，公司联合中国农业大学共同开发了植物免疫诱抗剂维大力。

维大力源自大丽花轮枝菌（*V. dahliae*）分泌的 Asp f2 样蛋白，通过生物发酵工艺，制备成蛋白干粉。该蛋白成分明确，结构清楚，机制清晰，功能多样，高效环保，是国际领先的编码蛋白。维大力的作用靶标不是病原菌，而是通过激发植物自身免疫力来减轻病害，因此不会产生抗性，与杀菌剂产品配合使用可诱导植物抗病免疫反应，延缓病原菌产生抗性，提高防效。目前，以维大力为基础，通过与不同营养元素组合应用，针对抗病毒、增产、提高品质和治疗流胶腐烂病，公司陆续开发出维大力康、丰、红、壮系列产品，更多系列产品正在研发当中。

3. 获得的专利

发明专利			
专利名称	专利号	专利名称	专利号
抗病相关蛋白及其编码基因与它们在调控植物抗病性中的应用	2015100038431	一种小菜蛾性信息素化学通信干扰剂	2014100147082
蛋白质 VdAL 在提高植物产量和促进植物生长中的应用	2015106915155	一种组合物在制备梨小食心虫信息素散发器中的用途	2014102187493
蛋白质 VdAL 在提高植物产品品质中的应用	2015106912956	一种暗黑鳃金龟诱剂组合物及其应用	2015105152378
一种苹果蠹蛾性信息素的制备方法	2010102384239	一种枣实蝇成虫引诱剂及其应用	2017106429404
一种梨小食心虫性信息素 8（Z/E）- 十二碳烯 -1- 醇醋酸酯的合成方法	2010102384915	一种苹果小吉丁成虫诱捕方法及采用的诱捕装置	2018115326312
一种用于干扰梨小食心虫成虫交配的迷向剂	2012100353413	一种引诱斜纹夜蛾的性诱剂及诱芯	2019109188752
一种松褐天牛引诱剂及其应用	2013104884079	一种信息素释放装置系统及害虫防控方法	201710853441X
实用新型专利			
专利名称	专利号	专利名称	专利号
一种防治梨小食心虫的管状迷向散发器	2013206393310	一种二化螟性诱剂长效挥散芯	2020207230611
一种防治苹果蠹蛾的管状迷向散发器	201320639421X	一种智能害虫诱捕器	2020222868402
迷向剂散发器及迷向剂散发装置	2017215002973	一种信息素光源诱捕器	2019204177738
一种物联网虫情测报装置	2019217072236	一种昆虫信息素光源诱捕器	2020214138747
一种物联网虫情测报主机	2019217072236	一种昆虫信息素智能散发器	202021899044X
金字塔形诱捕器	2020200805001	一种草地贪夜蛾诱捕装置	2019217516472
双向倒漏斗形诱捕器	2019219539430	一种信息素膜状载体	2019220730946
一种改进型物联网虫情测报装置	2020222873148	一种螟蛾类和夜蛾类通用诱捕器	2018215946630

PCT			
专利名称	已授权国家	专利名称	已授权国家
Applications of protein VdAL in improving output, product quality and drought resistance of plant and in improving fruit coloring of plant	美国	Protein associated with disease resistance and encoding gene thereof,and use thereof in reguation of plant disease resistance	澳大利亚、俄罗斯、哈萨克斯坦、南非、印度、越南、斯里兰卡、印度尼西亚

周琼（湖南师范大学）

1. 主要研究方向及内容

本团队主要开展昆虫的嗅觉行为及其化学感受机制、检疫性害虫防控以及资源昆虫的利用研究。研究对象包括柑橘实蝇和瓜果实蝇、黑水虻等。主要围绕昆虫与植物的化学联系、昆虫性信息素等开展基础和应用研究。

2. 代表性成果

基于嗅觉和视觉的推拉（push-pull）行为调控策略的害虫绿色防控技术

团队从 2009 年开始，开展对湖南省柑橘重要毁灭性害虫柑橘大实蝇的系统研究，在弄清其生物学特性和发生发展规律的基础上，开展基于成虫视觉和嗅觉行为调控策略的绿色防控技术研究。经过连续多年的努力，探索出一套通过及时摘除和处理虫果、成虫期驱避和诱杀（通过颜色诱球和诱剂）行为调控、联防联控等绿色防控措施的综合运用，有效控制柑橘大实蝇危害的技术体系（Cui et al., 2022a），并应用推广。

昆虫对寄主植物挥发物外周嗅觉感受的神经和分子机制

昆虫对寄主植物挥发物的嗅觉化学感受机制及其行为调控，一直是化学生态学研究的热点。团队在研究柑橘大实蝇成虫对寄主植物挥发物的触角电位和行为反应，以及成虫触角和足嗅觉相关基因的鉴定及其组织差异表达的基础上，利用非洲爪蟾卵母细胞－双电极电压钳系统，对其中仅在触角中高表达且雌、雄表达无差异的气味受体 *BminOR3*、*BminOR12*、*BminOR16* 和 *BminOR24* 基因进行了功能分析，发现上述 4 个 *BminORs* 都至少能被所测试的 44 种植物挥发物中的一种激活。其中，BminOR3/BminOrco 仅对 1- 辛烯 -3- 醇（1-octen-3-ol）的刺激具有强烈的电生理反应，BminOR12/BminOrco 对 8 种植物挥发物的刺激具有电生理反应，分别是苯甲醇（benzylalcohol），香芹酮（(S)-(+)-carvone），丙酸丁酯（butyl propionate），1- 辛醇（1-octanol），丙烯酸丁酯（butyl acrylate），乙酸叶醇酯（(Z)-3-hexenyl acetate），苯甲醛（benzaldehyde），和水杨酸甲酯（methyl salicylate）；BminOR16/BminOrco 仅对十一醇（undecanol）具有微弱的电生理反应；BminOR24/BminOrco 对芳樟醇（linalool）的刺激具有较强的电生理反应，同时对甲基丁

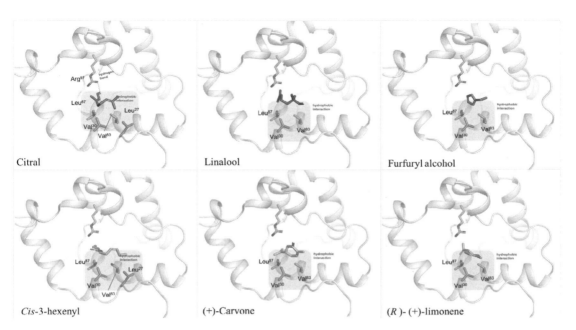

图 24　柑橘大实蝇化学感受蛋白 BminCSP3 与配体互作的三维模型（Cui et al., 2022）

香酚（methyl eugenol）具有微弱的电生理反应（Liu et al., 2020a, 2020b）。此外，研究发现柑橘大实蝇化学感受蛋白 BminCSP3 可以与多种寄主植物挥发物结合，其中，与柠檬醛的结合能力最强，可以使荧光值降低到 8.38%，表明 BminCSP3 参与了柑橘大实蝇对柠檬醛等气味物质的识别，研究对 BminCSP3 进行了结构预测和分子对接（Cui et al., 2022）。研究既揭示了昆虫寄主定位和产卵选择嗅觉识别的神经和分子机制，又可以为害虫的行为调控防治策略提供新的途径。

3. 代表性论文

Cui ZY, Si PF, Liu L, Chen S, Wang Y, Li X, Zhou JJ, Zhou Q. Push- pull strategy for integrated control of *Bactrocera minax* (Diptera, Tephritidae) based on olfaction and vision. *Journal of Applied Entomology*, 2022a, 146(10): 1243–1251.

Cui ZY, Liu YP, Wang GR, Zhou Q. Identification and functional analysis of a chemosensory protein from *Bactrocera minax* (Diptera: Tephritidae). *Pest Management Science*, 2022b, 78(8), 3479–3488.

Baker TC, Zhou Q, Linn CE, Baker JY, Tighe T. Surface Properties and Architectures of Male Moth Trichoid Sensilla Investigated Using Atomic Force Microscopy. *Insects*, 2022, 13(5), 423.

Huang KR, Shang H, Zhou Q, Wang Y, Shen H and Yan YH. Volatiles Induced from *Hypolepis punctate* (Dennstaedtiaceae) by Herbivores Attract *Sclomina erinacea* (Hemiptera: Reduviidae): Clear Evidence of Indirect Defense in Fern. *Insects*, 2021, 12(11), 978.

Liu YP, Cui ZY, Si PF, Liu Y, Zhou Q, Wang GR. Characterization of a specific odorant receptor for linalool in the Chinese citrus fly *Bactrocera minax* (Diptera: Tephritidae). *Insect Biochemistry and Molecular Biology*, 2020a. 122: 103389.

Liu YP, Cui ZY, Wang GR, Zhou Q, Liu Y. Cloning and functional characterization of three odorant receptors from the Chinese citrus fly *Bactrocera minax* (Diptera: Tephritidae). *Frontiers in Physiology*, 2020b, 11: 246.

Wei JR, Zhou Q, Hall L, Myrick A, Hoover K, Shields K, Baker TC. Olfactory Sensory Neurons of the Asian Longhorned Beetle, *Anoplophora glabripennis*, Specifically Responsive to Its Two Aggregation-Sex Pheromone Components. *Journal of Chemical Ecology*, 2018, 44(7–8):637–649

第四章　我国化学生态学重要理论研究进展

我国科学工作者在化学生态学领域做了大量工作，从 20 世纪 70 年代开始就进行昆虫信息素和植物活性物质的鉴定、应用工作，取得了令国际社会瞩目的成就；近一二十年来，更是在植物与昆虫的关系、昆虫取食所诱导的植物反应机制、昆虫化学感受的分子机制、昆虫行为、植物化感作用等方面，取得了很大进展和丰硕成果。

一、近年我国化学生态学研究工作亮点

近年来我国化学生态学研究开始走上快车道，其理论研究厚积薄发，不断取得研究成果。这里列出几个研究的重点突破，作为我国化学生态学研究的亮点。

1. 蝗虫聚集信息素的鉴定

本研究是化学生态学研究的经典案例。中国科学院动物研究所康乐团队利用传统化学生态学技术（行为测定、电生理记录、嗅觉受体确定、田间试验）筛选并确定了飞蝗 *Locusta migratoria* 的聚集信息素为 4– 甲基苯乙烯（4–vinylanisole, 4VA）（Guo et al., 2020），解决了困扰昆虫学界多年的难题，为利用信息素调控蝗虫种群奠定了基础。

2. 蚊虫嗅觉感受机制

清华大学医学院程功教授团队揭示了病毒感染宿主吸引蚊虫的化学生态机制。小鼠在感染蚊媒病毒后，可大量释放一种挥发性小分子——苯乙酮（acetophenone），苯乙酮可有效激活蚊虫的嗅觉神经系统，增强蚊虫对感染小鼠的行为趋向。人体或动物释放的苯乙酮主要来源于体表的皮肤共生微生物，它是一种典型的细菌代谢产物。在去除皮肤共生微生物后，感染小鼠就会失去对蚊虫的吸引作用。进一步研究显示，登革病毒及寨卡病毒感染可导致宿主皮肤表面芽孢杆菌属（*Bacillus* spp.）细菌的丰度明显上升，而皮肤芽孢杆菌具有代谢产生大量苯乙酮的能力。至此，研究人员揭示了蚊媒病毒感染者吸引蚊虫叮咬的原因：病毒感染提高了人体皮肤中特定细菌的比例，显著提高了感染者的苯乙酮释放能力，从而明显提高了蚊虫对感染宿主的行为趋向（Zhang et al., 2022）。

3. 红脂大小蠹回避非寄主和利用寄主化合物定位适宜寄主的机制

中国科学院动物研究所孙江华和赵莉蔺团队发现了红脂大小蠹利用非寄主挥发物回避

非寄主，利用寄主萜烯类化合物精确定位适宜寄主的机制。明确了 3–Carene 是红脂大小
蠹植物识别寄主油松的指纹化合物，阐明了 Frontalin 和 Verbenone 两种昆虫源信息化合物
在红脂大小蠹种群聚集进攻中的机制。解析了雌虫产生的信息素 Frontalin 及雌雄虫共同
产生的 Verbenone 低剂量协同其他个体聚集寄主，高剂量能够吸引雄虫的聚集进攻，起到
性信息素和聚集信息素的双重作用，雌雄虫的声音均能刺激红脂大小蠹释放抗聚集信息素
exo–brevicomin 驱赶同种个体转移为害临近寄主，从而避免种群过密产生的不利影响。明
确了肠道微生物参与转换红脂大小蠹多功能信息素 Verbenone，低剂量引诱、高剂量驱避
红脂大小蠹，肠道的厌氧环境增加微生物的信息素转换能力。当种群密度达到足以克服寄
主抗性时，肠道微生物协同红脂大小蠹释放大量马鞭草烯酮，使得后来的虫体得到信息去
进攻其他寄主，揭示了化学通信在红脂大小蠹寄主识别和种群进攻中的调控机制。这些研
究结果为研发红脂大小蠹关键防控技术奠定了坚实的科学基础。

二、我国化学生态学研究成果概述

1. 昆虫化学感受机制

国内昆虫化学感受机制的研究，近年来主要有以下几个方面的进展：观察和鉴定了
多种昆虫的化学感器形态和功能，涉及的昆虫有棉铃虫（*Helicoverpa armigera*）、烟青
虫（*Helicoverpa assulta*）、东亚飞蝗（*Locusta migratoria manilensis*）、中红侧沟茧蜂
（*Microplitis mediator*）、鞭角华扁叶蜂（*Chinolyda flagellicornis*）、红脂大小蠹（*Dendroctonus
valens*）、华山松大小蠹（*Dendroctonus armand*）、螺旋粉虱（*Aleurodicus dispersus*）、
柑橘粉虱（*Dialeurodes citri*）、密点曲姬蜂（*Scambus punctatus*）等，鉴定了多种昆虫的
化学感受蛋白，并做了一些功能验证，研究的昆虫有鳞翅目昆虫棉铃虫和烟青虫、水稻二
化螟（*Chilo suppressalis*）、稻纵卷叶螟（*Cnaphalocrocis medinalis*）、草地螟（*Loxostege
sticticlis*）等，直翅目昆虫东亚飞蝗，鞘翅目昆虫华北大黑鳃金龟（*Holotrichia oblita*）、
云斑天牛（*Batocera horsfieldi*），半翅目昆虫麦长管蚜（*Sitobion miscanthi*）、绿盲蝽
（*Apolygus lucorum*）等。

以上研究得出的结论主要有：昆虫化学感器的形态多样，其结构与功能密切相关；昆
虫的不同化学感受蛋白在不同发育阶段和不同感受器官中有差异性表达；昆虫化学感受蛋
白的配体特异性与化学感受蛋白本身相关。

2. 昆虫信息素

目前，全世界已鉴定和合成的昆虫性信息素或类似物 2 000 余种，我国鉴定和合成的
重要害虫的性信息素也有近百种，为昆虫性信息素研究及在害虫防治中应用提供了保障。
蚜虫报警激素是继昆虫性信息素之后，目前研究最多、应用前景最好的一类蚜虫信息素。
（反）–β– 法尼烯，［(*E*)-*β*–farnesene，EBF］作为大多数蚜虫报警信息素的主要甚至

唯一成分，可以使蚜虫产生骚动、从植株上脱落，并吸引蚜虫天敌，从而有效控制蚜虫为害。董双林课题组为了揭示十字花科专食性昆虫对寄主识别的嗅觉分子机制，以小菜蛾为对象展开一系列研究，发现 3 种 ITC（苯乙基异硫氰酸酯、4- 戊烯基异硫氰酸酯和 3- 甲硫基丙基异硫氰酸酯）可以引起雌蛾显著的 EAG 反应和产卵选择性，证实 ITC 物质是吸引小菜蛾雌蛾产卵的重要嗅觉信号。此外，该课题组还研究了夜蛾科昆虫触角中普遍表达 3 个不同的信息素结合蛋白（PBP）基因的进化及功能分化，发现在斜纹夜蛾及甜菜夜蛾的性信息素感受中，PBP1 起主要作用，PBP2 次之，PBP3 作用最小，且 3 个 PBP 在不同性信息素组分间没有明显的选择性。该研究结果有助于深入了解昆虫的性信息素感受机制，并为设计和开发基于性信息素感受的害虫防治新技术提供指导。

3. 植物信息化学物质对昆虫行为的调控

我国在植物信息化学物质对于昆虫的行为调控方面的研究成就，主要表现在：①对于植物信息化学物质的作用机制研究日益深入，所利用的研究手段包括化学提取、纯化、生测、电生理、生物化学等传统技术，也更多地应用分子生物学、免疫学、神经生物学、激光共聚焦显微镜、膜片钳等现代技术手段；②利用植物信息化学物质的方式多样化，从单个化合物到多种化合物，从提纯利用到粗提物应用，从植物化合物单独使用到与昆虫信息素、化学农药和天敌或生物农药联合使用；③所研究和利用的化学物质的作用机制多种多样，包括驱避、吸引、拒斥的挥发性化学物质，也包括具有毒性、拒食性的非挥发性化学物质；④所涉及的植物范围不断扩大，从作物、林木、传统植物，到目前的药用植物、特色植物和外来入侵植物等。

浙江大学娄永根团队做的一些工作，体现了我国这方面的研究成就：团队对水稻诱导抗虫反应的分子机制及其生物学 / 生态学功能进行了持续研究，深入剖析了植物诱导抗虫反应的化学基础，首次揭示了水稻体内 5- 羟色胺和水杨酸的生物合成均起源于分支酸且二者相互负调控，研究成果对于水稻乃至其他作物的抗虫育种具有重要意义。此外，该研究组还基于植物诱导抗虫反应机制，结合化学遗传学方法，开发了基于生态功能分子的害虫防控新技术，建立了植物抗性诱导剂的高通量筛选平台，还对筛选获得的 4- 氟苯氧乙酸（4-FPA）、Bis、WJ-153 等水稻抗虫诱导剂进行了深入研究。

三、我国化学生态学近年来取得的理论成果

1. 昆虫化学感受特性及分子机制（包括嗅觉、味觉）

近年来，国内学者利用不同手段鉴定了多种昆虫的化学感受蛋白基因序列，包括昆虫的嗅觉感受和味觉感受蛋白基因。结合化学生态学手段，分析了部分化学感受蛋白的表达特征，鉴定了其功能。这些研究不但解释了部分昆虫的取食、产卵、驱避和求偶行为的生化和分子机制，并且依据该家族中不同成员的生理功能及其结构，有可能开发出以该家族

成员为靶标的昆虫行为干扰因子，用于解释其潜在生态机制、生殖隔离和控制害虫行为或干扰其正常生理活动，最终达到防治害虫的目的。

国内昆虫化学感受机制研究呈现如下特点：①鉴定了多种昆虫的化学感受蛋白；②借助于一些化学生态学分析工具如气相色谱质谱联用 GC-MS、EAG、顶端记录（tip recording）技术分析了一些昆虫化学感受蛋白的表达特征，发现昆虫的不同化学感受蛋白的表达在发育时间上有差异，在不同感受器官中的表达也有差异；③昆虫的化学感受蛋白的配体特异性与化学感受蛋白本身相关，一些化学感受蛋白只对某一类配体特异，而另外一些化学感受蛋白的配体可能呈现多样性，不但能结合昆虫的性信息素，而且能够结合植物绿叶气味化学物质。

（1）嗅觉感受机制　　中国农业科学院植物保护研究所王桂荣研究组鉴定了棉铃虫、小菜蛾等多种鳞翅目害虫气味受体基因家族，通过功能研究发现，鳞翅目害虫利用 6～8 个保守的气味受体（称为性信息素受体，PRs）识别性信息素成分，揭示鳞翅目害虫通过气味受体组合编码性信息素的机制，解析了性信息素拮抗剂调控害虫最优交配时机的机制，为基于性信息素拮抗剂研发害虫驱避剂和交配干扰剂提供了新的思路（Chang et al., 2017）。此外，该团队还对棉铃虫气味受体基因家族的功能进行了系统研究，测定了 44 个气味受体对 67 种寄主植物挥发物的反应，鉴定了 28 个气味受体的配体，绘制了棉铃虫气味受体家族的功能图谱，揭示了棉铃虫气味受体通过组合编码的方式识别复杂寄主挥发物的机制；进一步通过分子系统发育和受体功能对比分析发现，鳞翅目昆虫气味受体的功能分化非常明显，只有少数几个气味受体功能保守。这一研究阐明了昆虫编码寄主植物挥发物的基本原理，加深了我们对昆虫与植物的协同进化过程的认识，以这类关键气味受体为靶标还可以开发环境友好的害虫行为调控技术，用于各类鳞翅目农业害虫的绿色防控（Lucie et al., 2019）。

对于直翅目昆虫，中国农业大学张龙研究组采用分子生物学技术、生物化学技术，在飞蝗的触角上发现了至少 9 种气味分子结合蛋白，重点对 LmigOBP1 进行了深入研究。LmigOBP1 是直翅目昆虫中首次报道的气味分子结合蛋白，通过免疫细胞化学定位实验，证明该蛋白特异表达在飞蝗毛形感器和锥形感器的淋巴液中，而且在胚胎即将孵化前就开始表达，此后在各个胚后发育时期都表达，说明该蛋白可能参与飞蝗胚后发育的所有阶段的嗅觉活动（Li and Zhang, 2018）。

湖南师范大学周琼课题组对柑橘大实蝇成虫触角和足的转录组进行了测序和分析，总共鉴定 122 个嗅觉基因，其中包括 59 个 *BminORs*，39 个 *BminOBPs*，16 个 *BminIRs*，5 个 *BminCSPs* 和 3 个 *BminSNMPs* 基因。根据转录组分析结果，从柑橘大实蝇触角克隆 4 个气味受体基因（*BminOR3*、*BminOR12*、*BminOR16* 和 *BminOR24*）。对柑橘大实蝇嗅觉受体进行功能分析，结果表明，*BminOR3*、*BminOR12*、*BminOR16* 和 *BminOR24* 仅在触角中高表达，并且雌雄之间没有明显差异。将 *BminOR3*、*BminOR12*、*BminOR16* 和 *BminOR24* 分别与 *BminOrco* 混合注射至非洲爪蟾卵母细胞中进行共表达，并利用双电极电压钳系统进行记录，研究结果表明，在测试的 44 种寄主植物气味中，4 个 *BminORs* 都能被至少一种植物挥发物激活。

王琛柱研究组首次阐明烟青虫产卵器具有嗅觉功能，可感受寄主植物气味。该团队围绕两种蛾的嗅觉和味觉的神经编码机制进行了一系列研究。通过转录组测序发现了一个气味受体 OR31 在烟青虫雌蛾的腹部末端高表达，其表达量远高于它在触角中的水平，而在棉铃虫没有这种情况。他们首先探究 OR31 在产卵器中是否与 ORco 共表达。利用双色原位杂交方法，发现 OR31 和 ORco 在产卵器细胞中存在共表达的情况，接着将 OR31 和 ORco 共表达于非洲爪蟾卵母细胞中，结合双电极电压钳技术，筛选出 12 种能够引起明显电流变化的配体化合物，其中顺 –3– 己烯丁酸酯（*Z*–3–Hexenyl butyrate）最为有效。通过扫描电镜观察，确认这些感器具有嗅觉的功能，并进一步通过单感器记录，明确这些气味化合物可以引起产卵器上一些毛形感器的电生理反应（Li et al., 2020）。为了解棉铃虫齿唇姬蜂寻找和定位寄主的分子机制，该团队还对雌蜂和雄蜂头部进行了转录组测序，共发现 211 个气味受体，其中 95 个有全长序列，RT–PCR 结果显示 7 个气味受体主要表达在雌蜂触角中，并以非洲爪蟾卵母细胞双电极电压钳法研究了这 7 个气味受体的功能，发现 CchlOR62 特异地调谐顺式茉莉酮（*cis*–jasmone），且顺式茉莉酮对棉铃虫齿唇姬蜂雌蜂具有强烈的引诱作用，在较低剂量下也可吸引棉铃虫 3 龄幼虫，顺式茉莉酮处理的烟草植株还可显著吸引寄生蜂并提高其对棉铃虫的寄生率。可见，CchlOR62 调谐的顺式茉莉酮是农作物 – 棉铃虫 – 棉铃虫齿唇姬蜂三级营养关系中重要的信息化合物，在害虫生物防治上具有较大的应用潜力（Sun et al., 2019）。

此外，王琛柱团队还基于气味受体对气味物质的反应谱设计了棉铃虫幼虫的引诱剂。针对棉铃虫幼虫食性广的特点，该团队研究了棉铃虫幼虫嗅觉感受的分子机制。通过对棉铃虫幼虫的主要嗅觉感受器官——触角和下颚的转录组进行测序，共鉴定得到 17 个气味受体基因，获得了其中 11 个气味受体的完整的开放阅读框。通过对这 11 个气味受体进行功能分析，共得到其中 7 个气味受体的化合物调谐谱。根据幼虫气味受体的调谐谱和植物气味化合物在不同浓度下对棉铃虫幼虫的吸引作用，通过一系列行为学检测发现，四元组分混合物 MJAP 对棉铃虫幼虫的吸引力最强，其吸引力甚至高于寄主植物青椒的汁液。进一步的行为学实验证实，顺式茉莉酮和 1– 戊醇是 MJAP 中的关键组分。通过荧光原位杂交实验明确，调谐顺式茉莉酮和 1– 戊醇的气味受体 OR41 和 OR52 在幼虫触角的同一个神经元中表达（Jiang et al., 2020）。该研究首次根据气味受体基因的表达位置和其最有效配体设计混合物，最终找到了能够强烈吸引棉铃虫幼虫的混合物，为寻找治理棉铃虫新方法提供了新的思路。

（2）味觉感受机制　2020 年 12 月 11 日，王琛柱团队在 eLife 发表了题为 A gustatory receptor tuned to the steroid plant hormone brassinolide in *Plutella xylostella* (Lepidoptera: Plutellidae) 的研究论文。该研究发现，在小菜蛾众多的 GR 基因中，有一个苦味受体基因 PxylGr34 在小菜蛾 4 龄幼虫的头部及成虫的触角中高表达，并通过爪蟾卵母细胞表达和双

电极电压钳记录实验，发现表达该基因的细胞对于植物激素油菜素内酯及其类似物 24- 表油菜素内酯的刺激很敏感；接着，以这两种植物激素刺激幼虫口器上的味觉感器，确认二者均可诱发口器下颚叶上中栓锥感器的电生理反应。为了明确油菜素内酯对小菜蛾的行为影响，团队进一步设计了一系列的昆虫取食选择和产卵选择实验：当在植物叶片上涂抹油菜素内酯后，小菜蛾幼虫的取食面积明显减小；当在产卵介质上涂抹油菜素内酯后，小菜蛾成虫在其上的产卵量也显著变少，这表明油菜素内酯对小菜蛾幼虫的取食及成虫的产卵均有抑制作用。最后，利用 RNA 干扰的方法降低该受体基因在幼虫的表达后，发现幼虫口器下颚叶上中栓锥感器的电生理反应明显降低，油菜素内酯对幼虫也不再有显著的取食抑制作用，证实 PxylGr34 的表达介导了小菜蛾对油菜素内酯的厌恶行为反应。以上研究表明，植食性昆虫可利用苦味受体来探测特定的植物化合物，从而判断是否在该种植物上取食或产卵（Yang et al., 2020）。这一成果不仅有助于设计以味觉受体为潜在靶标的害虫绿色防控技术，还为开发以植物激素为基础的昆虫行为调节剂提供了新思路。

（3）昆虫化学感受的神经学研究 2021 年 7 月 15 日，王琛柱团队在 PLoS Genetics 在线发表题为 Identification of a gustatory receptor tuned to sinigrin in the cabbage butterfly *Pieris rapae* 的研究论文。该团队通过行为学、电生理学等方法，鉴定首个菜粉蝶感受黑芥子苷的味觉受体。黑芥子苷作为一种强有力取食刺激物，能引起菜粉蝶幼虫外颚叶上的侧栓锥感器以及成虫前足跗节 lateral 感器的电生理反应，功能分析表明，仅表达菜粉蝶味觉受体基因 *PrapGr28* 的非洲爪蟾卵母细胞对 sinigrin 有特异性反应；将 *PrapGr28* 异位表达在果蝇糖感受神经元中时，*PrapGr28* 可以赋予这些神经元对 sinigrin 的敏感性。RNA 干扰实验进一步表明，敲低 *PrapGr28* 降低了成虫前足跗节 medial 感器对 sinigrin 的敏感性（Yang et al., 2021）。该研究为揭示十字花科植物和它们的专食性昆虫之间关系的分子基础开辟了新的道路。

对于直翅目昆虫，中国农业大学张龙研究组用单感器记录方法探索了飞蝗触角和口器触须嗅觉神经元的电生理反应特征。飞蝗触角上的毛形感器至少有 7 种功能亚型，其中 5 种亚型每个感器含有 2 个神经元，2 种亚型每个感器含有 3 个神经元该团队提出了嗅觉神经元电生理抑制反应优先的假说，明确了毛形感器的嗅觉神经元编码部分气味分子的特征，同时还证明了飞蝗下颚须与下唇须中 pbl-L、pb2-L、pb8-L 亚型的嗅觉神经元具有相似的反应编码特征（李红卫，2018）。

2. 昆虫信息素合成途径及释放机制

昆虫信息素（pheromone）是由昆虫分泌释放至体外，可调节种群行为、发育的极微量化学物质，其种类从作用方式和功能上可分为性信息素（sex pheromone）、聚集信息素（aggregation pheromone）、告警信息素（alarm pheromone）、示踪信息素（trail pheromone）和抗产卵信息素（anti-oviposition pheromone）等。而在这些信息素的研究当中，以昆虫性信息素的研究居多。昆虫性信息素，旧称性外激素，由特有的腺体或特化的细胞产生，并释放到周围环境中，能被同种异性个体的感器接收并引起异性个体产生一定的行为反应或生理效应（如觅偶、定向求偶、交配等）的微量化学物质。多数昆虫种类由雌虫释放性信息素来唤起雄虫的求偶反应，引诱远处雄虫进行交配。也有些种类由雄虫近距离释放性信息素激发雌虫性欲，阻止同种其他雄虫进行交配。其性腺体的形态及存在部位因昆虫种类和性别不同而异，主要存在于昆虫头部、胸部、腹部、腿部或翅上。释放性信息素的雌虫的虫态可为成虫、幼虫和蛹。昆虫信息素的释放受虫龄、时辰律、光照、温度、湿度等条件的影响。昆虫性信息素是同种昆虫间异性相互联系进而交配的重要纽带和先决因素，严格保证了种群内昆虫在雌雄个体之间性的联系及物种有条不紊地繁衍。现在通过采用气相色谱分析、液相色谱分析等精密仪器的分析方法，推断出性信息素的基本结构；再结合红外、紫外、核磁共振、气相色谱质谱联用、触角电位测定等仪器进一步分析，确定其化学结构。目前，全世界已鉴定和合成的昆虫性信息素或类似物 2 000 余种，我国研制成功的重要害虫性信息素也有近百种，为科研人员研究和应用昆虫性信息素防治害虫提供了可靠的保障。

（1）昆虫信息素鉴定　跟踪信息素是蚂蚁在发现食物后，为了指引同伴找到食物，会在走过的路径上释放的信息化学物质。它能调控蚂蚁群体觅食行为，是蚂蚁中最重要、最受关注的信息素之一。为了确定红火蚁跟踪信息素的化学成分，陈立团队（2021）利用制备液相色谱技术（pre-HPLC）对工蚁身体粗提物中的跟踪信息素流分进行分离纯化，得到了高纯度的 α–farnesene 和 α–homofarnesene 流分。利用 GC–MS 和 NMR 鉴定跟踪信息素流分中的化学成分，并与合成的 Z, E–α–farnesene、E, E–α–farnesene、Z, E–α–homofarnesene、E, E–α–homofarnesene 标样进行比对，确定跟踪信息素流分以及杜氏腺（Dufour gland）提取物中得到的信息素成分为 Z, E–α–farnesene、E, E–α–farnesene、Z, E–α–homofarnesene 和 E, E–α–homofarnesene 4 种物质。

在草地贪夜蛾的性信息素研究中，王琛柱团队（2021）利用气相色谱与质谱联用（GC-MS）、气相色谱与触角电位联用（GC-EAD）及触角电位图（EAG）的方法，分析了雌性信息素腺体提取液中潜在的性信息素成分，筛选到 4 种候选化合物，分别是顺 –9– 十四碳烯乙酸酯（Z–9–14：Ac）、顺 –11– 十六碳烯乙酸酯（Z–11–16：Ac）、顺 –7– 十二碳烯乙酸酯（Z–7–12：Ac）或反 7– 十二碳烯乙酸酯（E–7–12：Ac），其比例为 100：15.8：3.9。他们进一步用单感器记录（SSR）方法研究了雄性草地贪夜蛾触角对性信息素的感受特性，明确雄性触角上具有 A 和 B 两种类型的嗅觉感器，分别感受 Z–9–14：Ac 和 Z–7–12：Ac。最后，他们设计了无选择实验和双向选择实验，在风洞中研究了雄性成虫对候选气味混合物的行为反应。结果表明，Z–9–14：Ac 与 Z–7–12：Ac（100：3.9）的混合物能够有效诱发雄性的趋向反应，与信息素腺体提取物和三元混合物的效果无显著差异。由此，确定了入侵云南的草地贪夜蛾种群的主要性信息素成分是 Z–9–14：Ac 和 Z–7–12：Ac（100：3.9），这对于有效监测和防治我国草地贪夜蛾具有重要意义。

在点蜂缘蝽信息素多样性及其作用的研究中，南京农业大学团队通过比较成、若虫所产生的气味差异及其对若虫的吸引力发现，成虫与若虫释放的气味差异很大，且对若虫的效应明显不同。其中，成虫特异性气味如己烯酸己烯酯、异丁酸十四烷基酯等，既吸引待交配的成虫，又吸引正在觅食的若虫；而若虫的特异性气味，如 4- 氧代 - 反 -2- 己烯醛，强烈排斥天敌和其他若虫（Xu et al., 2021）。因此，觅食的若虫可以通过成虫的气味来定位寄主植物，并通过自身气味来驱避天敌及其他若虫，以保护自己并避免对食物的过度竞争。

湖南师范大学周琼团队采用顶空动态吸附法、浸提法（溶剂为正己烷）和 GC-MS 等分析技术，分离到雄蛾后足胫节浸提物 9 种成分，顶空动态吸附法分离到雄性挥发性 9 种成分。经 GC-EAD 与 EAG 测试发现，所测试的 11 种标准化合物中的 4 种化合物的触角电位反应明显高于对照，选取其中两种在 GC-EAD 测试中有明显触角电位反应的物质进行浓度梯度实验，发现 α- 法尼烯（α-farnesene）和（E, E）-2, 4- 十二碳二烯醛（trans, trans-2, 4-Dodeca dienal）两种化合物可引起巨疖蝙蛾雌虫明显的剂量依赖的触角电位反应。

在入侵害虫松树蜂 Sirex noctilio 和本地种新渡户树蜂 Sirex nitobei 的性信息素产生与释放节律研究中，保敏等（2018）在两种树蜂交尾高峰期，对两种树蜂雄蜂挥发物进行 SPME 收集，然后进一步经 GC-EAD 鉴定活性物质，最终确定了雄蜂活性挥发物为（Z）-3- 癸烯醇；2 日龄个体的雄性信息素释放高峰出现在 11:00 ~ 12:00。

河北大学魏建荣课题组从桃红颈天牛雌、雄虫体上分别提取到（R）-（+）-citronellal 和 E-2, Z-6-nonadienal 两种信息素类物质，前者被证明是雌虫释放的信息素（Wang et al., 2018），后者被其他研究小组证明是桃红颈天牛雄虫释放的性信息素痕量次要成分（Zou et al., 2019）。此外，该课题组还从桃果中分离、鉴定出茶螺烷（2R, 5R）-theaspirane，该化合物在室内、田间均可有效引诱桃红颈天牛雌雄成虫（曹丹丹等，2021）。

（2）化学信息物质调控的昆虫行为 在蚂蚁信息化学物质调控的蚜 - 蚁共生关系维持机制研究中，陈立团队（2021）发现红火蚁信息化学物质可以调控棉蚜的行为。红火蚁工蚁在培养皿中爬行 1 h 后留下的气味物质，能够显著降低无翅棉蚜爬行扩散的速度。随后，用正己烷提取红火蚁工蚁的化学物质，提取物也能显著降低无翅棉蚜爬行扩散的速度。利用常规硅胶柱层析方法对提取物进行分离，得到表皮化合物、跟踪信息素、顺式生物碱、反式生物碱等流分。这些流分中，仅有跟踪信息素流分对棉蚜爬行扩散行为有抑制作用。化学合成跟踪信息素流分中的 4 个成分，发现抑制棉蚜爬行扩散的是跟踪信息素组分中的 Z, E-α-farnesene 和 E, E-α-farnesene。其次，发现无翅棉蚜可以感知共生红火蚁工蚁的气味物质。对红火蚁提取物和不同硅胶柱层析流分进行触角电位活性测试，结果表明红火蚁提取物和跟踪信息素流分都能够引起棉蚜触角电生理反应。进一步测试跟踪信息素流分中的 4 个成分，发现 Z, E-α-farnesene 和 E, E-α-farnesene 可以引起棉蚜触角电生理反应。

以上研究结果表明，红火蚁的跟踪信息素可能是红火蚁 – 棉蚜共生关系中起关键作用的信息化学物质。

接着，在室内以棉花 Gossypium hirsutum 为寄主植物，观察跟踪信息素对棉蚜种群的影响。结果表明，在跟踪信息素流分的作用下，棉蚜种群的增长速度明显加快。其中，起到关键作用的物质为跟踪信息素的主要成分 Z, E–α–farnesene，而低剂量的微量成分 E, E–α–farnesene 则没有显示出该作用。

最后，抑制棉蚜扩散和刺激棉蚜生殖是跟踪信息素促进共生棉蚜种群数量快速增长的机制。经 Z, E–α–farnesene 处理后，观察棉蚜在棉花上的移动情况。结果表明，Z, E–α–farnesene 显著抑制了棉蚜在棉花上的位置移动，在抑制无翅蚜扩散的同时，可能起到了"镇静"棉蚜的效果。这一效果可能能够延长棉蚜的取食时间和提高棉蚜的取食效率。同时，经 Z, E–α–farnesene 处理后，单个棉蚜的生长发育历期没有变化，但产仔数量显著增加（Xu et al., 2021a; Xu et al., 2021b）。这些结果表明，跟踪信息素对棉蚜扩散的抑制作用和生殖的促进作用是导致寄主植株上棉蚜种群数量增长的原因。

该团队首次发现了蚂蚁跟踪信息素对共生蚜虫的扩散行为和生殖行为的调控作用，这种作用能够同时为蚂蚁和蚜虫带来更多的利益，即蚜虫获得更大的种群数量，蚂蚁获得更多的蜜露，使它们之间的共生关系更加稳定。该成果不仅填补了蚂蚁信息化学物质在蚜 – 蚁共生关系中作用的空白，而且发现了一个维持稳定共生关系的新机制。

（3）昆虫信息素结合蛋白鉴定及功能验证　在松树蜂的信息素结合蛋白鉴定及功能验证中，松树蜂 SnocOBP9 在系统发育分析中显示与西方蜜蜂的信息素结合蛋白 AmelASP1 聚为一支，亲缘关系相近；其次，具有 1.00 支持值的性信息素结合蛋白支系中包含 SnocOBP9、SnitOBP9 和其他膜翅目性信息素结合蛋白；实时荧光定量实验观察到，这两个气味结合蛋白在触角中有着极高的表达，而在其他组织中几乎没有表达，在雌雄两性间显示出弱的表达偏向性，表示该蛋白在雌雄两性中均起着重要的作用（Hu et al., 2016; 郭冰等，2019）。通过构建 SnocOBP9 的克隆载体和表达载体，获得 SnocOBP9 的纯化蛋白，并与昆虫信息素荧光结合，结果结合能力最强的为（Z）–3–Decen–ol；通过每氨基酸能量分解与虚拟丙氨酸扫描结果证实：MET54，PHE57，PHE71，PHE74 和 LEU116 为 SnocOBP9 结合（Z）–3–Decen–ol 的关键氨基酸；突变后的 SnocOBP9–MT 与（Z）–3–Decen–ol 的结合能力显著下降，证实 SnocOBP9 为（Z）–3–Decen–ol 的结合蛋白。

3. 植物信息化学物质对昆虫（害虫、天敌）行为的调控

植物信息化学物质对于昆虫的行为调控研究，既是机制性研究的重要内容，也是植物信息化学物质在害虫防治和天敌保护中加以利用的理论基础。近年来，我国在这方面取得了显著成就。

在药用植物和佐料植物对昆虫作用方面，湖南师范大学周琼团队利用触角电位研究了齿缘刺猎蝽对姬蕨的 5 种诱导挥发物和 2 种绿叶挥发物的触角电位反应，结果表明，其中

3 种诱导挥发物和 2 种绿叶挥发物对齿缘刺猎蝽的触角反应显著高于对正己烷（Hexane）的反应，提示齿缘刺猎蝽能够感受这些姬蝽挥发物的刺激。利用上述的 7 种姬蝽挥发物对齿缘刺猎蝽的嗅觉行为实验结果表明，壬醛（nonanal）、β– 月桂烯（β-myrcene）、反 –2– 己烯醛［（E）–2-hexenal］以及芳樟醇（linalool）4 种挥发物对至少一种性别齿缘刺猎蝽的引诱作用显著大于对照组正己烷，表明姬蝽释放的挥发物有引诱齿缘刺猎蝽的作用。华中农业大学城市昆虫所研究了 20 种药用植物乙醇提取物对谷蠹的触杀和驱避活性；南京农业大学方继朝课题组研究了 18 种中草药提取物对褐飞虱和甜菜夜蛾的杀虫活性分析；苏州大学研究了芸香苷诱导家蚕谷胱甘肽 –S– 转移酶 omega 家族基因的表达变化；河南科技学院研究了香菜挥发性次生物质对菜青虫的拒食作用。

在外来植物次生物质对昆虫的作用方面，福建农林大学曾任森团队研究发现昆虫能够借助植物产生的抗虫物质（如丁布、香豆素等）诱导 P450 解毒酶等对植物的防御产生反防御（Chen et al., 2019；Sun et al., 2019；Lu et al., 2020）。黄酮和花椒毒素等植物抗虫物质能够引起活性氧暴发，激活 CncC 途径，进而诱导 P450 解毒酶基因表达，提高害虫对农药的抗性（Lu et al., 2020；Lu et al., 2020a，b）。中国科学院昆明植物研究所吴建强课题组（2019）报道玉米品系京科 968 在受玉米螟为害后，可以通过积累丁布类物质直接抵御玉米螟，并释放挥发物吸引害虫天敌（腰带长体茧蜂等），进而启动直接和间接防御反应。中国农业大学张青文课题组研究了紫茎泽兰乙醇提取物对棉铃虫生长发育和繁殖力的影响，研究了棉蚜和七星瓢虫对紫茎泽兰挥发物的行为反应及挥发物化学成分初步分析。中国热带农业科学院研究了薇甘菊甲醇提取物对二疣犀甲生长发育的影响和对椰心叶甲的防控潜力。

在植物源化合物对昆虫的毒性机制方面，华中农业大学测定了 β– 细辛醚对谷蠹成虫体内 4 种酶活性的影响；中国农业大学高希武课题组报道了植物次生物质对棉蚜谷胱甘肽 – 转移酶和羧酸酯酶活性的诱导作用；苏州大学研究了芸香苷诱导家蚕谷胱甘肽 –S– 转移酶 omega 家族基因的表达变化；湖南农业大学李有志课题组研究了 12α– 羟基鱼藤酮对斜纹夜蛾生殖力的影响及其作用机制；南京农业大学报道了植物源物质诱导的斜纹夜蛾细胞凋亡，研究了印楝素、喜树碱等 9 种物质各自对 SL21 凋亡小体的浓度效应及时序性；华南农业大学徐汉虹课题组则研究了番荔枝内酯化合物布拉它辛对斜纹夜蛾的杀虫活性及对 SL 细胞的致凋亡作用；西北农业大学和南京医科大学研究了脱氧鬼臼毒素对黏虫、小菜蛾和美洲大蠊代谢酶系的影响和对腹神经索动作电位的作用；西北农林科技大学吴文君课题组研究了苦皮藤素Ⅳ和Ⅴ及其混合物对棉铃虫幼虫神经细胞钠通道的影响。

害虫取食植物时，一方面，会引起植物组织创伤，伤口易被真菌感染并积累真菌毒素（如黄曲霉毒素 B1），昆虫也因此容易接触到这些真菌毒素；另一方面，害虫取食诱导植物产生茉莉酸，同时害虫也取食植物组织中的茉莉酸。Elzaki 等（2019）发现广食性害虫棉铃虫取食微量生态浓度的茉莉酸后，能诱导昆虫中肠中的细胞色素 P450 酶引起黄曲霉毒素 B1 的生物活化（bioactivation），增强了真菌毒素对昆虫的毒性，从而抑制棉铃虫的生长发育，增加死亡率。该研究阐明了植物茉莉酸物质通过诱导昆虫 P450 酶生物活化增强真菌毒素的毒性而介导植物 – 害虫 – 病原菌之间这种新型的三级营养关系，进而证明了昆虫反防御存在的生态成本，展示了茉莉酸与其他植物化学物质不同的特性与生态学功能。

在植物信息化合物或粗提物对昆虫的行为影响方面，华中农业大学研究了柑橘粉虱对柑橘叶片挥发物的行为反应，而万方浩课题组则报道了 B 型烟粉虱对三种寄主植物及其挥发物的行为反应；华南农业大学梁广文课题组研究了植物粗提物对褐飞虱和稻田天敌的影响，三种寄主植物叶片提取物对美洲斑潜蝇雌成虫嗅觉记忆的影响；贵州大学郓军锐课题组研究了西花蓟马寄主选择性与寄主物理性状及次生物质的关系，结果表明单宁酸和黄酮的含量对西花蓟马寄主选择性有很大的影响，其含量越高越不利于西花蓟马寄主选择；福建农林大学曾任森课题组（2021）研究发现广食性害虫斜纹夜蛾幼虫只要嗅觉器官感受到虫害诱导的番茄产生的挥发物，就可以诱导 P450 酶提高对植物毒素与农药的解毒能力，进而提高昆虫的反防御能力；河北大学（2018）报道了光肩星天牛雌雄虫触角感器对聚集性信息素和一系列植物源挥发物的反应，发现近触角端部对聚集性信息素有反应的一类毛形感器，同时这类感器中还具有对一般植物挥发物有反应的嗅觉神经，在近触角中部，大量锥毛形感器对一些萜类挥发物（$E, E\text{-}\alpha\text{-}$farnesene, $E\text{-}\beta\text{-}$farnesene, $\beta\text{-}$caryophyllene, eugenol）有强烈的反应，部分这类挥发物可增强聚集信息素对成虫的引诱效果；河北农业大学报道油松毛虫雌蛾对油松松针两种手性化合物的触角电位反应；河南农业大学则研究了烟夜蛾和棉铃虫对高浓度烟草挥发物的电生理和行为反应。

4. 植物信息化合物的生物合成途径及调控

昆虫和植物之间经过长期的协同进化，逐渐形成一个极为复杂的信息化学网络，这些信息化学物质引起昆虫行为和生理上的诸多反应，以协调三级营养即植物、植食性昆虫和天敌之间的关系。植物信息化合物是一类源于植物的次生物质，是植物与昆虫之间重要信息的传递物质，主要包括绿叶挥发物、萜类化合物、酚类化合物、生物碱、水杨酸、水杨酸甲酯等。

（1）萜类化合物的生物合成途径及调控　植物次生代谢途径通常以不同类别的次生代谢物合成途径为单位即代谢频道（metabolic channe1）的形式存在。萜类化合物是植物次生代谢物中种类最多的一类化合物，迄今为止已鉴定超过 25 000 种。萜类化合物的合成起源于经由甲羟戊酸途径（Mevalonate Pathway，MVA）或甲基赤藓糖醇途径（Methylerythritol Pathway，MEP）合成的异戊烯基二磷酸（isopentenyl diphosphate，IPP）。IPP 在异戊二烯基转移酶（prenyltransferase）的作用下，重复增加 IPP，形成香叶基二磷酸（geranyl pyrophosphate）、法尼基二磷酸（farnesenyl pyrophosphate）、香叶基香叶基二磷酸（geranylgeranyl pyrophosphate）等中间体，后经萜烯合酶（terpene synthase，TPS）催化形成各类萜类化合物，香叶基二磷酸经酶促反应生成单萜类化合物（C10）、法尼基二磷酸生成倍半萜类化合物（C15）、香叶基香叶基二磷酸生成二萜化合物（C20）。

植物萜类化合物，如单萜、倍半萜以及二萜等高级萜类不仅拥有单独的合成途径，且具独特的酶促反应机制。例如，番茄果实甾醇和胡萝卜素的合成分别由不同的 HMGR 等位基因所控制。萜类的代谢频道不仅受植物发育进程的调控，亦受不同诱发因子的启动。如气候条件是影响萜类物质形成的重要因素之一，其种类、数量、含量和释放量都会随季节的变化而变化，多数热带植物含有大量挥发油成分；亚热带松柏科植物树脂含量明显高于温带松柏科植物。病虫害侵袭能诱导植物产生更多的挥发性物质，或改变植物挥发性物质成分的含量及组分浓度比。萜类物质的变化不仅利于植株进行自我保护及防御病虫害的侵袭，亦在远距离的植食性昆虫及其天敌的寄主定位中发挥了重要作用。如欧洲玉米螟（*Ostrinia nubilalis*）为害引起玉米大量产生二萜化合物 kauralexins，kauralexins 对欧洲玉米螟具有拒食作用。实蝇科昆虫 *Eurosta solidaginis* 为害北美一枝黄花（*Solidago altissima*）后会引起周围的健康植株释放 β– 法尼烯（β–farnesene），β– 法尼烯可作为利它素吸引蚜虫 *Uroleucon nigrotuberculatum*（Thomas et al., 2019）。过量表达棉花（*Gossypium hirsutum*）TPS 基因 *GhTPS*12 后，烟草能释放更多的芳樟醇（linalool），棉铃虫也更倾向于在野生型植株上产卵（Huang et al., 2018）。

植物萜类化合物的生物合成受关键酶与限速酶，如转移酶、合酶、环化酶等的调控。其中，关键酶的表达决定代谢途径的启动及相关特定物质的合成，而限速酶的表达则与物质的合成量相关。萜类合酶是指萜类生物合成的关键酶，是研究萜类代谢途径的重点，目前主要研究方向为萜类合酶分子 DNA 序列分析。该酶具有多重特性，如一种植物中有多种萜类合酶基因，其表达有时空特异性，在特定细胞和组织中表达，在生长发育的特定阶段表达，以及具防御反应诱导的瞬时表达等。但是，该合酶基因在植物中一般表达量较低，难于分离纯化。

（2）绿叶挥发物的生物合成途径及调控　绿叶挥发物（green leaf volatiles，GLVs）又称 C6 挥发物，即植物挥发物中 6 个碳的醛、醇及其酯类。当植物叶片受虫害或者一些生物、非生物的胁迫时，由植物体内的亚油酸（linoleic acid）和 α– 亚麻酸（α–linoleic acid）经脂氧合酶（lipoxygenase，LOX）、脂氢过氧化物裂解酶（hydroperoxide lyase，HPL）等一系列酶促反应而形成。该类物质的释放一方面可能是因为植物体内含有大量与绿叶挥发物代谢相关的酶类，如磷脂酶（phospholipase）、LOX 和 HPL，且虫害作用导致其处于活跃状态；另一方面可能是因为这些酶与相应的底物如 α– 亚麻酸、亚油酸及 13– 过氧化氢（13–hydroperoxide），在虫害作用下迅速结合。

GLVs 的第一个代谢产物顺 –3– 己烯醛［（Z）–3–hexenal］，通过 LOX 途径由亚麻酸氧合生成 13– 氢过氧化亚麻酸（linolenic acid 13-hydroperoxide，13HPOT），后在 13– 脂氢过氧化物裂解酶（13–hydroperoxide lyase，13HPL）的作用下裂解产生。正己醛（*n*–hexanal）的合成途径相似，起始物源于亚油酸。反 –3– 己烯醛［（E）–3–hexenal）］由顺 –3– 己烯醛的酶 / 非酶异构化作用产生。这些 C6 醛类通过醇脱氢酶（alcohol dehydrogenases）的作用可以进一步转化为 C6 醇类，如顺 –3– 己烯醛转化为顺 –3–己烯 –1– 醇［（Z）–3–hexen–1–ol］。此后，通过脂酰基转移酶（acyltransferase）的作用，

C6 醇类转化成酯类，如顺 –3– 己烯 –1– 醇转化为顺 –3– 己烯 –1– 酯 ［（Z）–3-hexen–1–ylacetate，Hex–Ac］。

LOX 是 GLVs 代谢途径中的第一个酶，也是 JA 生物合成中的关键酶。LOX 基因的表达是伤口和病原物诱导的，在植物的防御反应中起着重要作用。大量研究表明，植食性昆虫为害诱导 LOX 基因的表达量增加。虫害诱导的番茄植株中 TomLOXD 基因的表达在防御反应中起重要作用，该基因编码的叶绿体 LOX 是防御信号途径的组分。HPL 是 GLVs 代谢途径中的关键酶，其 C12 产物生成愈伤素，与植物受损的信号传递有关。研究证实，反 –2– 己烯醛代谢途径中 LOX 和 HPL 两种酶是多种植物遭受虫害后防御应答反应的重要物质。运用反义技术阻断部分 LOX 表达，减少了反 –2– 己烯醛等的合成和释放，降低了对害虫的抵抗，从而导致植食性昆虫数量增多。而植物 HPL 基因的缺失导致 GLVs 释放减少，使得蚜虫数量增加。AOS 是 JA 生物合成中的限速酶。大量研究表明，损伤可以诱导 AOS 基因的表达。AOS 基因的表达不仅位于受害部位，而且涉及远离受害的健康组织。AOS 在转录水平上表达量的提高与 MeJA 含量的提高相关，由此来增强植物的防御反应能力。水稻丙二烯氧化合成酶基因 OsAOS 是细胞色素氧化酶 CYP74A 亚家族成员，是茉莉酸合成途径中不可缺少的基因，OsAOS 在水稻中的超量表达能提高水稻的抗性，同时使内源茉莉酸含量和病程相关蛋白基因的表达量增大。

GLVs 在植食性昆虫寻找食物、配偶以及产卵场所中发挥着重要作用，并且对不同种类植食性昆虫可能产生不同的影响。如水稻（E）–2– 己烯醛 ［（E）–2-hexenal］强烈驱避褐飞虱，但却吸引白背飞虱。烟芽夜蛾（Heliothis virescens）是烟草害虫之一，具有夜间产卵习性。对烟草的挥发物进行分析发现其挥发物释放具有一定的节律性，其中（Z）–3– 己烯基丁酸酯、（Z）–3– 己烯基异丁酸酯、（Z）–3– 己烯基乙酸酯、（Z）–3–hexenyl tiglate 和一种未知化合物只在夜间释放，且这几种物质对烟芽夜蛾雌蛾有高度驱避作用，表明其 GLVs 释放规律是烟草与烟芽夜蛾长期协同进化的结果。研究还发现，GLVs 能够提高昆虫对性信息素的响应。GLVs 在植食性昆虫天敌的寄主选择行为中也发挥着重要作用。如甘蓝受到小菜蛾为害后释放的（Z）–3– 己烯酸甲酯能够协同其他 HIPVs 引诱小菜蛾天敌。拟南芥中过量表达 HPL，可显著增加（E）–2– 己烯醛和（Z）–3– 己烯酸甲酯的释放量，并提高对寄生蜂盘绒茧蜂（Cotesia glomerata）的吸引力和寄生蜂对寄主的寄生率。

（3）生物碱的生物合成途径及调控　生物碱（Alkaloid）属含氮有机次生代谢物中的最大一族，主要包括异喹啉类、吲哚类和多炔类等。大约20%的有花植物都能产生生物碱，目前已经分离到 12 000 余种。生物合成研究表明生物碱来源于前体氨基酸、甲戊二羟酸和醋酸酯等，异甾体生物碱生物合成主要来源于异戊二烯。甲羟戊酸（MVA）途径是公认的合成甾体类生物碱的必要途径之一，3 个乙酰辅酶 A 缩合生成 3– 羟基 –3– 甲基戊二酰辅酶 A，再在 3– 羟基 –3– 甲基戊二酰辅酶 A 还原酶（HMGR）的催化下合成甲羟戊酸（MVA），MVA 经焦磷酸化生成 5– 焦磷酸 MVA，再经脱羧、脱水以及磷酸化生成异戊烯焦磷酸酯（IPP）。IPP 和二甲基烯丙基焦磷酸（dimethylallyl diphosphate, DMAPP）合成焦磷酸牻牛儿酯（GPP），GPP 与另一分子 IPP 缩合成焦磷酸法尼酯（FPP），两分子的 FPP 在内质网鲨烯合成酶（SQS）作用下就缩合还原成鲨烯，进一步加工、合成甾体生物碱。

　　植物生物碱代谢途径是一个动态的复杂过程，既受到植物本身遗传背景和生长发育进程的调控，也受到病虫侵染和取食、生态环境、营养水平、养分形态等各种诱发因子刺激的作用。例如，氮素有利于植物生物碱产额的提高，反之，缺乏氮素则严重抑制生物碱的合成；氮素形态差异对生物碱的合成和积累也有影响，可导致生物碱含量或各组分比例的改变。已知的植物生物碱代谢频道中，其代谢途径往往受到在空间、区域和底物上的高度特异酶的调控。例如，生物碱长春多灵的生物合成过程分别在细胞质、液泡、液泡膜、内质网膜、类囊体膜等 5 个以上细胞区室内完成。苯基异喹啉生物碱的合成途径中小檗碱桥酶及（S）- 四氢原黄连素氧化酶都定位在由光滑内质网产生的小泡中，是一种微小粒体细胞色素 P450 如依赖型氧化酶，具有高度底物特异性。吲哚 -3- 甘油磷酸裂解酶、酪氨酸 / 多巴脱羧酶、小檗碱桥酶等可能是各类生物碱合成途径的限速酶，决定着生物碱的合成与积累量。托品酮还原酶、小檗碱桥酶、氧甲基转移酶等为催化合成生物碱中特定立体结构基本骨架的专一性酶，而羟基化酶、脱氢酶和单氧化酶等修饰酶类，虽然对底物要求不高，但可影响生物碱代谢的最终产物类型。

　　（4）水杨酸和水杨酸甲酯的生物合成途径及调控　虫害诱导的植物挥发性互利素还可以通过莽草酸（shikimate）途径合成。该途径将碳水化合物的代谢与芳香化合物的生物合成联系起来。水杨酸（salicylic acid，SA）、水杨酸甲酯（methyl salicylate，MeSA）均是由该代谢途径产生。SA 作为植物抗逆反应的信号分子，参与植物的过敏性反应（hypersensitive response，HR）和系统获得性抗病性（systemic acquired resistance，SAR），起信号传导的作用。SA/MeSA 在植物抗病中的作用和生化、分子机制已经研究得非常清楚。近年来的研究表明，SA/MeSA 作为挥发性互利素及信号分子，在植物遭受虫害后的直接 / 间接防御反应中主要通过协同或拮抗 JA 信号途径发挥作用（Nguyen et al., 2016; Raja et al., 2017; Aldon et al., 2018）。MeSA 作为植物体内重要的信号物质，能够诱导植物释放挥发性物质从而引起植物的间接防御，信号调控网络的变化会进一步引起植物转录组与代谢组的重新配置，最后影响植物抗虫性及植食性昆虫种群适合度。

　　SA/MeSA 在部分植物（拟南芥、烟草等）中的生物合成途径已经基本明确：苯丙氨酸在苯丙氨酸裂解酶（phenylalanine ammonia lyase，PAL）的作用下，首先生成反式肉桂酸（trans-cinnamic acid, CA）。PAL 是调节植物信号转导物质 SA 以及防御物质酚类化合物合成的关键酶。CA 侧链经 β 氧化和邻羟基化两种反应顺序转变生成 SA。一种是 CA 侧链经 β 氧化产生苯甲酸（benzoic acid, BA），后在苯甲酸羟化酶（benzoic acid 2-hydroxylase，BA2H）作用下羟基化生成 SA；另一种是由反式肉桂酸侧链先邻羟基化产生邻香豆酸（o-coumaric acid），再经 β 氧化产生 SA。SA 在水杨酸羧基甲基转移酶（salicylic acid carboxyl methyltransferase，SAMT）作用下转化成 MeSA。代谢途径中需要 3 种酶：PAL、BA2H、SAMT，其中 PAL 和 SAMT 非常重要。

（5）茉莉酸的生物合成途径及调控　脂氧合酶途径所产生的具有生命活性的代谢物氧化脂类（oxylipins），与植物体内其他激素相互作用，共同在生物和非生物胁迫中调控相关基因的表达，茉莉酸类物质便属于氧化脂类家族。该途径在植物中以多烯脂肪酸亚油酸（LA：18：2；octadecanoids）和亚麻酸（a-LeA：18：3）为底物，在脂氧合酶的作用下分别产生9（s）-氢过氧-亚油酸（9s-HPOD）、13（s）-氢过氧-亚油酸（13s-HPOD）、9（s）氢过氧-亚麻酸（9s-HPOT）、13（s）-氢过氧-亚麻酸（13s-HPOT）。氢过氧化物在不同酶的作用下又分为4条途径：过氧化物加氧酶（POX）途径、连乙烯醚合酶（DES）途径、丙二烯氧化合酶（AOS）途径、脂氢过氧化物裂解酶（HPL）途径。

拟南芥中存在两条合成茉莉酸的途径：一条是脂氧合酶途径中的分支丙二烯氧化合酶途径（又称十八碳烯途径），另一条是以亚油酸为底物合成二氢茉莉酸的途径。其中十八碳烯途径发生在叶绿体内，亚麻酸从膜上解离下来后在13（s）-脂氧合酶（13s-LOX）的作用下催化氧化成13（s）-氢过氧-亚麻酸（13s-HPOT），又经AOS的作用形成不稳定的丙二烯氧化物12，13-环氧亚麻酸（12s，13s-EOT），它可以不经催化就形成a-keto，v-ketol。但在丙二烯环化氧化酶（AOC）的作用下会发生结构重排，形成外消旋12-氧-植物二烯酸（OPDA）。OPDA是最后一个定位在叶绿体质体内的产物，并且是十八碳烯途径中第一个具有生物活性的代谢物，紧接着OPDA被OPDA还原酶OPR3还原。随后OPDA再经过3次β氧化生成（-）-JA和（+）-7-iso-JA。（-）-JA要比（+）-7-iso-JA更稳定并有更高的生物活性，所以在植物体内起调节作用的一般是（-）-JA以及它的衍生物茉莉酸甲酯。

通过对拟南芥的芯片分析，发现有41个茉莉酸响应基因，其中5个是与茉莉酸合成途径相关的基因，并且所有编码茉莉酸生物合成酶的基因也都受到茉莉酸的诱导。受到茉莉酸诱导的野生型拟南芥可以使AOC的表达量增加，反之缺乏茉莉酸的野生型拟南芥AOC表达量减少。这些研究均表明茉莉酸的生物合成是一个正向反馈调控，从而放大了其信号效应。但是茉莉酸的生物合成不只受到基因的调控，外界的刺激也是一个重要的因素。携带LOX基因的完全发育拟南芥叶片富含AOS和AOC蛋白，对它进行伤害处理后，发现茉莉酸的形成只是依赖于外部的刺激，并且比过量表达AOS和AOC蛋白能更快地增加茉莉酸的内生含量。已有研究证明，菌根菌丝网络可以介导植物间抗病、抗虫防御信号的通信，当某一植物遭受虫害或者病害侵染时，有菌丝网络相连的邻近植物的茉莉酸等防御信号途径能够被激活，从而使植物在种群和群落水平产生系统抗性（Song et al.，2015）；水稻在受到虫害袭击时，硅可以警备水稻迅速激活与抗虫抗逆相关的茉莉酸途径，茉莉酸信号反过来促进硅的吸收，硅与茉莉酸信号途径相互作用影响着水稻对害虫的抗性；紫外线可以通过激活玉米的茉莉酸信号途径，增强丁布类物质的积累，进而提高玉米对斜纹夜蛾的抗性（Qi et al.，2018）。

第五章　我国化学生态学的应用概况

一、昆虫信息素的应用

传统的昆虫信息素应用主要是利用性信息素来监测、控制害虫，近年来出现了应用性信息素监测某些害虫天敌（此时的性信息素又是利它素）的事例。其他信息素的应用也得到研究和推广。单独应用性信息素进行昆虫防治有许多局限性，但性信息素可以与其他方法结合应用在害虫综合治理中。化学防治方法一般排除了其他方法的应用（如生物防治），而性信息素的应用可以充分保护天敌，充分发挥生物防治的作用。性信息素在田间应用一般使用诱捕器，而诱捕器的形状依昆虫的种类而不同。

1. 利用昆虫性信息素监测和预测昆虫种群

许多昆虫羽化之后，往往就要寻找配偶交配，虽然诱集的都是雄虫，但在需要大面积调查的地方（如森林、果园等），这个方法特别有用。利用性信息素监测有四个方面的用途：昆虫暴发监测，成虫羽化监测，昆虫分布范围调查，昆虫丰富度变化的估计（Howse et al., 1998）。因此，信息素监测可以为化学防治提供依据，可以减少杀虫剂的滥用。诱捕器所捕获的昆虫的数量，可以比较准确地反映田间昆虫数量变动的情况。可以利用这个方法，准确预报害虫的发生和发展趋势，以便指导防治和采取有效的措施。近年来利用非鳞翅目昆虫性信息素进行害虫监测取得了长足的进步。与灯光诱捕器相比，利用信息素诱捕器的优势在于：制造和运输方便，无需能源，特别灵敏，只是针对某一种昆虫，因而无需对诱集的昆虫进行分类或鉴定。利用昆虫性信息素对天敌的招引作用可以监测天敌动态。如金龟子（*Osmoderma eremita*）的性信息素也可诱集其天敌叩甲（*Elater ferrugineus*）的雌雄成虫，这可以帮助有关部门制定适当的生物控制手段。小菜蛾（*P. xylostella*）性信息素（顺 –11– 十六碳烯乙酸酯，Z11–16: Ac）对螟黄赤眼蜂（*Trichogramma chilonis*）有招引作用。利用以色列松干蚧（*Matsucoccus josephi*）性信息素诱芯可以监测其捕食性天敌松干蚧花蝽（*Elatopuitus nipponensis*）种群动态和地理分布。

2. 利用性信息素来干扰雌雄间的交配信息联系

这是美国学者 Beroza 提出来的，又称为迷向法。其基本原理是：在充满性信息素气味的环境中，雄蛾丧失寻找雌蛾的定向能力，致使田间雌雄间的交配概率大为减少，从而使下一代虫口密度急剧下降。在昆虫寻找配偶和交配的时期，在田间释放大量人工合成的性信息素，使得昆虫无法找到异性进行交配，从而干扰了昆虫的生殖活动，控制害虫下一代种群数量。但是，交配干扰的效果受许多条件的限制，主要包括：①害虫最好是一次交配的种类；②田间种群数量不能太多；③合成性信息素的配比和浓度要符合自然情况等。

采用干扰交配法控制苹果蠹蛾是相对成功的实例：1993 年由美国农业部 USDA 和加利福尼亚州、俄勒冈州、华盛顿的大学组织了苹果蠹蛾区域性管理计划（Codling Moth Area wide Management Program, CAMP），将种植者、技术人员、信息素经销商和企业结合在一起，提升了苹果蠹蛾迷向技术的应用效果，从而有利于种植者采用该技术。截至 2006 年，迷向技术应用覆盖了 48 000 hm^2 或华盛顿州 66% 的苹果种植区；在其他地方如密歇根州和加利福尼亚州、意大利南蒂罗尔、阿根廷 Alto Valle 实行区域性管理计划，也同样取得了成功（翟小伟等，2009）。自 1990 年以来，已成功应用醋栗透翅蛾（*Synanthedon tipuliformis*）性信息素干扰醋栗透翅蛾交配：在美国华盛顿州，James 等应用性信息素对醋栗透翅蛾进行干扰交配，面积为 31.2 hm^2，诱芯设置密度为 500～687.5 个 /hm^2。但是，最近该项防治策略却发生了失败，原因可能是，自从应用该防治策略以来，人们减少了化学农药的使用，造成该虫种群复苏。

交配干扰可采用三种技术：①使用目标昆虫性信息素。利用人工合成的性信息素直接干扰，如果释放的某一组分破坏自然条件下信息素多元组分的精确比例，导致气迹中各组分比例失调，而雄蛾无法对比例失调的性信息素做出反应。②采用目标昆虫信息素的类似物也具引诱作用，合成方便、便宜，适于大规模应用。③使用目标昆虫信息素的抑制剂。交配干扰法控制害虫的最重要限制因素是害虫的种群密度，成功应用要求低的初始种群密度。

3. 利用性信息素大量诱捕害虫

在田间设置大量的性信息素诱捕器诱杀田间雄蛾，导致田间雌雄比例严重失调，减少雌雄间的交配比率，使下一代虫口密度大幅度下降。这也是进行害虫综合治理的有效方法之一，特别对雌雄比接近 1∶1，雄蛾为单次交配的害虫有效。这种方法在虫口密度低时才有效，如果密度太高时，可以施用农药压低虫口密度，然后再使用大量诱捕法。大量诱捕对利用聚集素的鞘翅目害虫特别有用，只要将聚集素的合成物和农药混合喷洒于寄主上，就可达到大量诱歼的目的。人们往往利用性信息素和杀虫剂相结合，制成诱杀剂（attracticide）。利用性信息素大量诱捕害虫对环境安全、使用方便，但也存在着许多问题：一是多次交配的昆虫，效果往往很差，因为即使诱捕大部分害虫雄虫，雌虫并没有受到影响，残存的少部分雄虫仍然可以与所有的雌虫交配。二是种群数量不能太多，当种群数量太多时，雄虫之间根本不需要依靠嗅觉寻找雌虫，雌雄之间有足够的机会通过视觉、触觉或随机相互接触和交配。三是昆虫的性信息素成分和配比非常复杂，人工合成的成分与自然的成分或配比的微小差异，都会影响应用效果。四是昆虫性信息素往往有一些辅助成分，含量极微，单独没有任何生物效果，但如果没有这些辅助成分的参与，诱捕效果就会很不理想。这些成分称为助效剂（synergists）。五是信息素的成分在田间往往很快分解。

利用人工合成的信息素与自然界中的雌性昆虫竞争，以达到减少昆虫种群数量的目的，由于存在以上的困难，在实际应用中成功的例子较少，根本原因是性信息素只对雄虫有效。原中国科学院上海昆虫研究所使用含有杨树透翅蛾性信息素的硅橡胶诱芯和涂以黏胶的船形纸质诱捕器，作为诱杀雄蛾的手段，诱捕器的设置高度一般为 1.5～2 m，设置时间从杨树透翅蛾始见期至终见期，当杨树受害率超过 30% 时仍采用每亩设置一个诱捕器，连续使用二至三年即能将为害率压到 1% 以下。师光禄等应用人工合成的性信息素对华北落叶松鞘蛾 Coleophora sincnsis 进行了监测，并开展了大量诱杀试验。结果表明，该引诱剂对华北落叶松鞘蛾雄蛾有较强的引诱作用，60 个诱捕器在成虫扬飞期共诱到鞘蛾成虫 51 万头，应用诱捕器后，林地内华北落叶松鞘蛾为害率下降 50.1%，虫口密度下降 81.2%。山东省花生研究所研究开发出了对暗黑鳃金龟 Holotrichia parallela 雄虫有极高引诱活性的性诱剂，诱虫效果显著高于黑光灯。该引诱剂已在山东莱西地区进行了应用示范，取得了极好的引诱效果。暗黑鳃金龟出土高峰阶段，单个诱捕器田间的每分钟诱虫数量高达 658 头。最成功的例子是在斯堪的纳维亚和北美地区进行的小蠹虫（小蠹科）的诱捕工作，其成功的原因在于，小蠹虫的化学通信物质既是聚集剂，又是性诱剂，人工合成的小蠹虫性诱剂雄虫和雌虫都可诱到。后来，诱捕剂在露尾甲上得到成功应用。Lacey et al.（2004）报道了黑腹尼虎天牛（Neoclytus acuminatus acuminatus）的聚集信息素，这是第一个天牛科昆虫聚集信息素，这种雄虫产生的聚集信息素已经在新西兰应用。高长启等（2004）应用聚集信息素监测与防治了纵坑切梢小蠹（Tomicus piniperda），通过大面积防治和抽样调查，利用虫口密度、有虫株率和梢被害率 3 项指标的减退率证实了应用聚集信息素防治纵坑切梢小蠹的效果显著可靠。结果表明，其防治效果虫口密度减退率平均为 94.35%，有虫株率减退率平均为 87.7%，被害梢减退率为 88.39%。

4. 信息素与农药或生物制剂的结合施用

利用性信息素诱捕器引诱雄蛾，被诱的雄蛾沾染农药后致死，取得诱杀效果；或被诱雄蛾感染病毒、病菌或其他原生动物，或接触化学不育剂后，仍返回田间，这些雄蛾通过与田间的雌蛾交配而使病原物蔓延，导致整个种群的流行病；或沾染不育剂的雄蛾，交配后使子代不育。聚集信息素可以与杀虫剂混用，诱杀半翅目害虫以及一些鞘翅目害虫。寄主植物挥发物与昆虫聚集信息素混用可以起增效作用，合成的萝卜菜跳甲（Phyllotreta cruciferae）聚集信息素与异硫氰酸烯丙酯（allyl isothiocyanate）混用比单独使用大大增加了诱捕量。

5. 引驱法（stimulo-deterrent methods）

利用信息素的性质，或者将昆虫从主要作物上驱走，或者使之被吸引到次要植物

（寄主）或其他地点，使昆虫的为害减轻或将昆虫集中消灭。美国曾利用诱捕作物（trap crops）控制墨西哥棉铃象（*Anthonomus grandis*）的为害。在作物生长季节的前期，种植棉花条带，并施以颗粒引诱剂（人工合成的墨西哥棉铃象信息素），被诱来的墨西哥棉铃象用杀虫剂消灭，避免了昆虫在大面积棉花上的扩展和为害。随着人们对利己素和利它素作用的认识不断深入，引驱法有着巨大的应用潜力。例如，利它素可以用来吸引寄生性和捕食性天敌到害虫为害的区域，而利己素可以用作拒食剂（antifeedants）或拒斥剂（repellents）。用抗产卵信息素防治欧洲樱桃实蝇（*Rhagoletis cerasi*），显示出明显的防治效果。产卵信息化合物就是可以激起昆虫产卵行为的化学物质，与产卵忌避化合物的作用恰好相反，但同样可以用于害虫防治上。五带淡色库蚊（*Culex quinquefasciatus*）的产卵信息素在许多国家的疫区已经被应用。从一种可再生植物体中找到某种植物前体用以合成五带淡色库蚊的产卵信息素，大大地降低了该产卵信息素的生产成本。

6. 分类学

鳞翅目中同一科或属的种类，其性信息素的化学结构具有相似性，这些事实可能反映出昆虫性信息素的化学结构与分类具有一定的相关性。这种相关性在昆虫性信息素的进化上具有相当重要的意义。虽然目前研究结果比较零散，但已经可以从中看出，在科和亚科水平上，许多昆虫性信息素通信系统的相似性和种系发生的关系。例如，卷叶蛾科卷叶蛾亚科和小卷叶蛾亚科的化学性信息素，前者主要是不饱和碳烯醇或醋酸酯，而后者则是不饱和十二碳烯和醋酸酯（但都有例外）。我国发生的玉米螟一直被认为是欧洲玉米螟（*Ostrinia nubilalis*）。通过杂交、详细的形态观察和性信息素诱捕，发现我国大部分地区的玉米螟属于亚洲玉米螟（*Ostrinia furnacalis*），欧洲玉米螟只在我国新疆伊犁地区存在。性信息素的结构鉴定和田间诱捕对正确鉴定种类起到了关键的作用。甘蔗田叩甲（*Melanotus sakishimensis*）和 *Melanotus okinawensis* 两种叩甲形态相似，利用性信息素可以区分它们。

二、次生物质在植物－植食者－天敌三级营养关系中的应用

对三级营养关系的研究，不仅可以深化我们对于寄主植物－植食者－天敌生态关系的理解，使我们知道同种植食者可以导致不同植物产生不同气味，不同植食者也可以导致同一植物产生不同物质。捕食性或寄生性天敌就是利用这些物质的特异性来搜寻猎物。多数情形下，只是这些组分不同配比的变化，影响天敌去识别它们的靶标猎物。同时，这方面的研究可以为我们指出应用的方向。例如，有人建议利用利它素吸引捕食性螨类和寄生性蜂类，也可以利用人工蜜露吸引、滞留和刺激食蚜昆虫。

可以在饲养天敌的人工饲料中添加植食者产生的利它素，以改善人工饲养效果，或者在田间使用天敌的吸引剂，使天敌种群很快建立起来，如喷洒含有糖和氨基酸的花外蜜

腺分泌物，可以有效吸引大量蚂蚁，从而降低植食者的侵害，对保护植物有利，这种比施用外源激素茉莉酸更有效。茉莉酸甲酯是寄生蜂跳小蜂和缨小蜂的引诱剂，而（3Z）-hexen-1-yl 乙酸和茉莉酮（Z）-jasmone 能吸引茧蜂。这三种物质的混合物也被证实能有效吸引上述寄生蜂。

植物的挥发性气味可以用于吸引天敌。外源植物激素茉莉酸或茉莉酸甲酯施用后，诱导植物产生的挥发性物质也可以吸引植食者的天敌，从而降低植食性害虫对植物侵害的程度。豆类植物的蔓被喷施 JA 后，挥发性有机化合物和花外蜜腺分泌物都增加，花外蜜腺分泌物是一种水溶性混合物，主要含糖和氨基酸，它的增加能吸引捕食性和寄生性天敌的到来，最终使植物受益，表现在处理后的豆株植食率下降而种子量增加。茉莉酸甲酯 MeJA 作为诱导抗植食性昆虫的重要手段，已在许多种植物上得到广泛应用。经 MeJA 处理后，能显著诱导植物中胰蛋白酶抑制剂的转录和活性，激发植物对植食者的抗性。最新的研究也表明，施用 MeJA 后激发植物诱导抗性的产生，事实上是在 MeJA 脱甲基化成为 JA 后完成的。也就是说外源 MeJA 使用后导致的植物抗植食者取食的作用，是通过内源 JA 产生后激发的。

在施用茉莉酸和水杨酸后，尽管可以诱导植物产生对植食者有毒的次生代谢物质，吸引天敌，但李显春等人（2002）的研究却表明，这些植食者如美洲棉铃虫（Helicoverpa zea）也不是无能为力，坐以待毙，而是在第一时间窃取了这些化学信号，在植物还未产生有毒物质之前或是伴随有毒物质产生的同时，就已使自己的解毒能力大大提升，如 4 种与代谢解毒有关的 P450 基因的表达量迅速提高。该结果颠覆了许多学者提出的以施用 JA 和 SA 来解决害虫问题的理论。因此，一种物质可能具有多种功能，对不同生物会产生完全不同的效果；一种物质在植物中的增加或减少，其影响可能是不可预测的，必须事先加以慎重研究。对于目前外源植物激素如茉莉酸、水杨酸和茉莉酸甲酯的使用也应持慎重态度，应综合考虑各营养层的反应，避免不良后果的发生。

三、植物化感作用的应用

化感作用现象存在于从微生物到高等植物所有广义的植物类群，是生态系统中的普遍规律。植物之间对于营养和空间的竞争，常常通过化学方式来完成：植物产生的各种抗生物质、毒素、生长抑制剂或促进剂，都是为了竞争的需要。植物和微生物利用次生物质（被土壤吸收后或通过空气而直接作用）来对付同伴、竞争者或者调节生态系统。植物化感作用的研究，一般是植物科学的重要内容，但其生物之间化学作用的性质，又是化学生态学的研究对象。这方面的研究，不仅要了解植物之间的化学作用及其对生理过程的影响，而且要在分子水平上探讨次生物质的作用机制。化感作用在人工生态系统中最重要的应用在农业方面，包括杂草对作物的化感作用、作物对杂草的化感作用和作物对作物的化感作用等方面。

1. 杂草对作物的化感作用

胜红蓟（*Ageratum conyzoides*）是中国南方重要杂草，其水溶物和挥发物都对禾本科、十字花科、豆科和百合科等作物的种子萌发和幼苗生长产生显著的抑制作用。胜红蓟水溶物主要化感物质是早熟素Ⅰ、早熟素Ⅱ和Ⅴ、22-二烯-3-豆醇。挥发物则由30多种化合物组成，其中早熟素Ⅰ、早熟素Ⅱ、子丁香烯、红没药烯等主要化感物质已分离纯化，它们分别对受体作物表现出不同程度的化感效应，早熟素的抑制作用较强，但混合挥发油的化感抑制作用最强，这可能是化感物质之间存在着协同作用。*Pluchea lanceolata* 是一种恶性杂草，其淋溶物对10种作物的生长发育产生不利影响，它的根和叶子在土壤中经降解可产生普通酚酸和糖苷等多酚有毒化感物质，对长豇豆的种子萌发、叶面积、营养吸收、叶绿素、光合速率、根瘤菌的形成等都产生不利影响。黄花蒿、龙葵、曼陀罗、苍耳、马齿苋、刺儿菜、灰藜植株茎叶的水抽提物对小麦、黄瓜、萝卜有显著的抑制综合效应。斑地锦（*Euphorbia maculata*）原产于北美洲，现在中国大部分地区都有分布。斑地锦浸提液可显著降低番茄、辣椒、苋菜和荆芥蔬菜种子的发芽速率，抑制番茄、辣椒、苋菜和荆芥的发芽率，并且这种抑制作用随处理浓度的提高而加强。高浓度的斑地锦浸提液可强烈抑制上述四种蔬菜根的生长。

2. 作物对杂草的化感作用

在杂草对作物产生化感作用的同时，作物也通过化学物质影响着杂草，这些影响存在着品种差异。20世纪60年代就已发现小麦残体的水溶物具有植物毒性，80年代中期人们对小麦化感作用开展系统研究。Wu等（1999）评价了世界范围内收集的453份地方小麦品种材料的化感作用，发现大多数地方品种都能显示不同程度的化感作用，它们对黑麦草（*Lolium rigidum*）根长的抑制作用介于10%~91%。有科学家评价了从非洲、美洲、亚洲和欧洲等地区收集到的1 000多份小麦材料根系分泌物的化感作用潜力，筛选出了一些可产生有毒根系分泌物的小麦材料。这些小麦材料对多年生黑麦草根的生长有较强的抑制作用，抑制率达50%~60%。

稻田杂草是水稻生产中重要的制约因子之一。胡飞等（2004）的研究发现，在田间条件下，不论是直播、移栽还是抛秧，水稻品种PI 312777和化感1号对杂草的抑制效应均显著地超过对照华粳籼1号，其中抛秧和移栽对杂草的抑制效应明显强于直播方式。进一步的研究结果显示，水稻产生的糖苷物质水解后产生的间长链羟基苯二酚、黄酮和羟基肟酸以及它们的混合物对稗草的抑制作用非常显著，而且苷元混合物的抑制活性明显强于各自单一的组分。这表明水稻化感物质在植株中以低活性的糖苷分子形式存在，释放后在环境作用下失去糖配体而产生高活性化感作用分子，而且这些活性化感物质之间存在着协同效应。

3. 作物对作物的化感作用

化感作用也常存在于作物间。油菜根系分泌物的化感累加作用对作物种子活力、作物幼苗的生长发育状况以及生理生化特性均具有显著影响，其影响程度在各作物之间不尽相同，但对小麦的影响程度最弱，特别在小麦发芽率、根长、芽干物质量、过氧化物酶（POD）活性、丙二醛（MDA）含量和根系活力的生长发育指标上均表现出促进化感效应，而对油菜、蚕豆和玉米幼苗生长发育的所有生理生化特性（发芽率、芽长、根长、芽鲜物质量、根鲜物质量、芽干物质量、根干物质量、根冠比、过氧化物酶活性、膜的完整性和根系活力）均表现出较强的抑制效应。油菜、小麦和小白菜根系分泌物溶液均可抑制黄瓜种子胚根和胚芽生长，且胚芽的受抑制强度大于胚根；玉米、油菜、小白菜和黄瓜根系分泌物溶液对黄瓜幼苗苗高和茎粗有促进作用，且对黄瓜幼苗根长和根数的抑制作用较小。

作物间的化感作用既表现在物种间也表现在物种内，即自毒作用。小麦自毒作用是小麦化感现象所表现出的有害的一面，它是指小麦的活体植株、残株或残茬的水溶物不仅仅只对其他植物的生长产生影响，有时还抑制自身的种子萌发和幼苗的生长。新鲜的麦秸释放毒素物质到土壤中，对小麦种子发芽的抑制作用可持续18天，在54天后不再对小麦种子的发芽有抑制作用。经深入研究发现，小麦植株在土壤中经微生物分解产生了大量的脂肪酸和酚酸，根部分泌糖苷羟基肟酸，这些物质都对小麦后茬或其自身生长产生抑制。烟草连作也常产生自毒作用，研究发现正是烟草根部分泌的酞酸酯在此过程中起主要作用。

4. 化感作用在农业中的应用

在这些研究中，人们试图将竞争作用和化感作用区分开，研究成果已经应用到农业生产中，例如，利用化感作用控制杂草，尽量避免一种作物对另一种作物的化感作用的不利影响，使作物合理轮作发挥化感作用的有利方面，等等。化感作用治草是指直接利用作物或秸秆分泌、淋溶化感物质抑制杂草。如在马齿苋、马唐等杂草严重的地块种植高粱、大麦、燕麦、小麦和黑麦，在白茅泛滥的田块种植小麦，在稗草、反枝苋和白芥严重的田块种黄瓜等。不同栽培方式引起的田间抑草效应的差异与水稻化感材料在不同生育期产生化感物质的浓度差异有关。直播条件下，水稻种子刚萌发，释放的化感物质有限，难以对杂草的萌发和生长产生较大的影响，而且一旦杂草突破水稻释放化感物质的抑制而萌发就难以再被抑制。而在抛秧和移栽情况下，水稻秧苗达3叶期，正是释放高浓度化感作用物质的高峰期，加上抛秧和移栽过程中水淹等因子的影响，使得稻田杂草的萌发和生长得被有效抑制。即使部分杂草种子萌发，此时水稻秧苗的生长和竞争优势也能对萌发的杂草有一定的抑制作用。因此，PI31 2777和化感1号2个具有化感潜力的水稻材料在田间的抑草效应至少与它们释放的化感物质和栽培方式显著相关。

轮作是现代农业增产的重要措施，主要是为了保持土壤肥力、土壤结构、植物营养等。土壤中的次生物质或直接从生活的植物中分泌，或间接从植物残体中降解。次生物质对下季作物有抑制或促进作用。例如，油菜茬地对小麦的苗期生长影响不大，其后茬适宜播种小麦，油菜作物不宜连作，也不宜与蚕豆和玉米进行间作、混作、套作、轮作，否则会抑制其种子发芽和幼苗的正常生长发育，导致减产。玉米是黄瓜种植最适宜的前茬作物，其次是油菜和小白菜，而豇豆、豆角和黑豆等豆科作物不宜作为黄瓜种植的前茬作物。

四、昆虫与植物互作化合物的应用

1. 利用植物挥发物防治害虫

合理的多种植物系统一般可降低害虫的暴发概率，尤其是对食性单一的植食性昆虫而言。作物间套作一种或几种不同植物，使得植物源挥发性化学信息物质的种类增加，对寄主及其天敌昆虫的行为调控作用有增强或抑制作用。一些非寄主植物可以通过影响昆虫嗅觉和视觉的反应来增加或减弱对昆虫的引诱作用，在作物间作和轮作时应充分考虑这方面的影响。我国是世界上农作物布局和栽培制度最复杂的国家，最适合采用生态调控措施防治农作物病虫灾害。长期的实践表明：同一生境中有些植物可相互促进提高产量，但如果选择的作物不恰当，如黄瓜与番茄、荞麦与玉米、高粱与芝麻、甘蔗与芹菜、水仙与铃兰则互相抑制，降低产量，甚至一方不能生长，这种现象不能用生存竞争或其他机制来解释，而是植物挥发性次生物质在起关键的作用。目前，基于植物挥发物开发的植食性昆虫防控技术主要有：

（1）间作具有引诱或驱避植食性昆虫或其天敌的伴侣植物。进行作物轮作、间套作，调节作物播种时间与栽培密度，对害虫形成生态阻隔，从而避减害虫对作物时空上的为害程度。灌木树篱种植在蚕豆、玉米田周围，可以显著减少蛀茎害虫和蚜虫的数量。如在主栽作物玉米、高粱中种植一些非寄主植物糖蜜草（*Melinis minutiflora*）可以有效降低害虫的为害水平，同时也增加了大螟盘绒茧蜂（*Cotesia sesamiae*）对蛀茎害虫幼虫的寄生率。在果园地面种植牧草或花生、油菜等覆盖作物，可以改善生态环境，建立果园主要害虫的生态调控体系，每年可使苹果园减少使用农药 40%～50%，使果园生态系逐步形成良性循环。将波斯三叶草（*Trifolium resupinatum*）与番茄间作时，波斯三叶草开花可提高田间植食性昆虫天敌的数量，从而提高对棉铃虫的控制能力（Abad et al.，2020）；此外，三叶草释放的酚类化合物，还能显著降低间作番茄植株上棉铃虫的产卵量和幼虫密度。多年田间试验表明：大面积水稻品种多样性混合栽培能够有效地控制稻瘟病、斑潜蝇。与小麦单作相比，条带种植小麦与紫花苜蓿增加了卵形异绒螨（*Allothrombium ovatum*）幼虫与卵的密度，提高了麦长管蚜被卵形异绒螨幼虫的寄生率，寄生蚜虫螨的平均数也明显升高，有翅蚜的寄生率高于无翅蚜，从而限制了蚜虫种群的增长。在寄主作物蚕豆或豌豆田间种植燕麦能够抑制寄生性杂草圆齿列当（*Orobanche crenata*）的生长。

（2）利用推拉行为调控策略（"push-pull"行为调控策略）防控植食性昆虫。是指联合利用对植食性昆虫具有引诱作用和驱避作用的植物或挥发物，以达到目标作物少受或不受植食性昆虫为害的目的（Turlings and Erb，2018）。墨西哥豆瓢虫（*Epilachna varivestis*）是金甲豆上的主要害虫，孔雀草（*Tagetes patula*）对墨西哥豆瓢虫具有驱避作用（作为"push"），而菜豆（*Phaseolus vulgaris*）对墨西哥豆瓢虫具有很强的吸引作用（作为"pull"）。基于此，Leslie 等（2020）将目标作物金甲豆与驱避植物孔雀草间作，并将菜豆种植在两间作植物的外围，结果发现菜豆上的植食性昆虫数量远大于金甲豆和孔雀草上的，并且也远大于金甲豆单一种植时（只有"pull"）菜豆上的植食性昆虫数量。利用诱虫作物紫狼尾草（*Pennisetum purpureum*）和苏丹草（*Sorghum sudanensis*）释放的化学物质可以起到驱赶蛀茎害虫，抑制杂草生长的目的，以此来保证谷类作物的产量，并且这种间作方式在肯尼亚得到了大面积应用。目前在害虫治理的推拉行为调控策略中，基于蚜虫报警信息素的主要成分（反）–β– 法尼烯〔（*E*）–β–farnesene，EBF〕，对蚜虫行为调控和作为驱避剂开发应用潜力最大。EBF 是蚜虫遇到天敌或其他干扰物时从腹管分泌出一种黏稠的液滴，并释放到体外，具有挥发性，能引起同种其他个体骚动并从栖息地迅速逃散、从植株上脱落，同时能作为蚜虫天敌寻找蚜虫的线索，通过驱避蚜虫、引诱天敌从而起到控制蚜虫为害的目的。因此，在实际应用中，常将 EBF 人工修饰与合成类似物与常规杀虫剂混用，可驱使蚜虫主动接触杀虫剂，在动态中灭杀蚜虫。推拉行为调控策略也已成功扩展到其他谷类作物（Pickett et al.，2014），但需要进一步鉴定、繁殖、培育有引诱作用或者驱避作用的植物，并且植物之间地下部分的相互作用不容忽视。此外，这种策略还可以通过灵活地应用抗聚集信息素、报警信息素、产卵忌避素、拒食剂等驱避剂以及聚集信息素、性信息素、产卵刺激素等引诱剂调控昆虫行为，以达到对植食性昆虫进行绿色、高效防控的目的。

2. 应用化学激发子提高植物抗虫性

激发子（elicitor）这个概念最早是指来源于原真菌非亲和小种的一类能够诱导寄主植物产生抗病性的小分子化合物，但是随着相关研究的不断开展，激发子的定义范围也在不断扩展，现在人们对激发子的定义是一切能够诱导植物防御反应的因子。通常激发子具有以下特征：本身及其代谢物离体条件下没有或者具有很低的杀菌或杀虫活性；作用机制通常较为复杂，不局限于单一的作用靶标；诱导产生的抗性具有持久性、广谱性和滞后性的特征。相对于直接作用于病原菌和昆虫的常用杀虫剂，化学激发子是通过影响植物，改变植物形态变化或者体内相关防御化合物的含量来提高植物对病原菌和昆虫的抗性，因此使用化学激发子不容易产生抗药性。将化学激发子与化学农药结合使用，可以减少化学农药的使用量，减少环境污染。激发子从来源上可以分为生物源和非生物源激发子两类，其中生物源激发子包括来源于植物、病原微生物以及植食性昆虫的激素及其类似物、寡糖素、糖蛋白、多肽、β– 葡聚糖（β–glucan）等，非生物源激发子则包括人工合成的小分子化合物以及一些无机化合物铜、硅等。这些激发子可以激活植物与防御相关的信号传导途径或提高触发防御反应的敏感性，从而提高植物抵抗植食性昆虫为害的能力。

有一些激发子已经在田间开展了相关的应用试验并取得了一定成效。在田间喷施茉莉酸甲酯能够有效降低蚜虫和蓟马的害虫种群密度（Bayram and Tongǎ，2018b）；外施高浓度顺式茉莉酮（*cis*–jasmone）可诱导小麦（*Triticum aestivum*）释放（*Z*）–3–hexenyl acetate，从而驱避麦茎蜂（Bayram and Tongǎ，2018a）。白背飞虱（*Sogatella furcifera*）雌成虫的腹部提取物，如 1，2– 二亚油酰基 –sn– 甘油 –3– 磷酸胆碱、1，2– 二棕榈酰基 –sn– 甘油 –3– 磷酸乙醇胺、1– 棕榈酰基 –2– 油酰基 –X– 甘油 –3– 磷酸乙醇胺和 1，2– 二油酰基 –sn– 甘油 –3– 磷酸乙醇胺等能诱导水稻产生杀卵物质苯，从而降低白背飞虱的种群数量（Yang et al.，2014）。外施 *β*–1，3–glucan laminarin 能够激活茶树（*Camellia sinensis*）MAPK 信号级联途径和转录因子 WRKYs，提高信号分子 H_2O_2、SA、脱落酸（Abscisic acid）以及防御化学物质几丁质酶、苯丙氨酸氨裂合酶、多酚氧化酶、黄酮醇合酶及挥发性化合物的含量，田间施用能够增强茶树对小贯小绿叶蝉（*Empoasca onukii*）的直接和间接抗性（Xin et al.，2019）。*β*– 氨基丁酸（BABA）是来源于植物的一种具有激发子活性的非蛋白氨基酸，BABA 处理水稻能够抑制根结线虫（*Meloidogyne graminicola*）的生长（Ji et al.，2015）。杀菌剂叶枯唑（Bismerthiazol）处理可上调水稻 JA、茉莉酸 – 异亮氨酸（Jasmonic acid-isoleucine）和 H_2O_2 含量，改变水稻挥发物组成相，从而显著降低白背飞虱若虫存活率和产卵雌成虫对水稻的取食及产卵嗜好性，并提高白背飞虱卵的被寄生率（Zhou et al.，2018）。田间喷洒 4–FPA 水剂能有效降低水稻白背飞虱的种群密度，并提高水稻的产量（Wang et al.，2020）。

第六章　国内外化学生态学发展比较分析

一、总体比较

我们就近年来国内外发表的化学生态学论文进行统计后，对国际和我国化学生态学的发展进行一些总体分析。

1. 研究材料的比较

无论是做基础研究、应用基础研究或应用研究，昆虫依然是国内外化学生态学的最重要的研究材料，也可以说，昆虫化学生态学一直是而且将来也一定是国际上和我国化学生态学研究最重要的方面；国际上化学生态学研究使用的昆虫材料来源广泛，既有农林昆虫，也有卫生和畜牧昆虫，更有果蝇、赤拟谷盗等模式昆虫。整体而言，国外昆虫学研究的对象以卫生害虫、模式昆虫为主，如果蝇、蚊子、家蚕等。国内则主要以农业害虫为主，如棉铃虫、蝗虫、小菜蛾、草地贪夜蛾、蚜虫、绿盲蝽、斑潜蝇、瓜果实蝇等为害比较大的害虫，也有部分益虫或资源昆虫，如食蚜蝇、家蚕、蜜蜂等，少量使用蚊虫，鲜有涉及其他类别昆虫的。

2. 研究内容和水平的比较

国际上很多实验室依然进行传统化学生态学的研究，而我国目前坚持做传统化学生态学研究的实验室很少，而比较热衷于做应用分子生物学技术的内容，如气味结合蛋白的克隆鉴定、昆虫取食诱导的植物反应的分子机制等。昆虫与植物的关系，是国内外昆虫化学生态学研究的重中之重，但国际上的研究多比较系统，如化学物质筛选、鉴定、行为反应、应用等；我国利用植物活性化学物质来源广泛，但提纯和鉴定不够，或者行为反应和应用研究不系统。

近年来，国际上在入侵种的基因组进化、表型可塑性、入侵互作等方面开展了多学科交叉研究，取得了大量优秀成果。我国在重大入侵生物的生物学特性和入侵机制等方面取得一系列重大成果，相继提出"前适应性""后适应性"等概念，建立和发展了"非对称交配互作""共生入侵""可塑性基因驱动"等理论假说（Liu et al., 2007; Sun et al., 2013; Lu et al., 2011）。但是，入侵物种的适应性演化与进化机制研究相对弱化，尤其是化学信息流介导多物种互作网络入侵机制研究还需进一步探索。

在现阶段，国内外研究团队普遍以昆虫的行为学特性为切入点，对昆虫行为的分子机制及生态学意义进行深入挖掘。综合 CRISPR/Cas9 等基因编辑方法，利用高通量测序技术及生物信息学手段，对昆虫的化学生态学等问题进行深入研究。

3. 应用方面的比较

在昆虫信息素产品商品化上，国内外生产厂家仍致力于降低信息素生产成本和提高产品效果。在降低昆虫信息素原药成本方面，昆虫信息素生物合成技术受到了较多关注。在国外，丹麦 BioPhero 公司使用安全且高产的酵母细胞发酵生产昆虫性信息素；美国 Provivi 公司使用独有的生物催化剂和价格低廉的原材料进行大规模发酵生产，现有产品包括草地贪夜蛾、水稻三化螟和二化螟信息素。在国内，生物合成技术已被关注，相关科研单位已具备初步技术，相关企业也进入转化阶段。

在提高昆虫信息素产品效果方面，国内外均开展了大量工作。在国外，利用助剂技术提升信息素功效，美国 Attune Agriculture 公司的助剂产品 Ampersand 获有 OMRI 有机认证，该产品可提高苹果蠹蛾微囊信息素喷剂功效高达 45%；纳米胶延长信息素持效期，印度科学理工学院研究人员利用超分子自组装原理和纳米技术，制得了信息素甲基丁香酚纳米凝胶，可显著减缓信息素的挥发速度，减少信息素在果园内补充施用的频率。同期，我国昆虫性信息素开发企业也在通过不同材料来提高微胶囊产品的持效期和效果，丰富昆虫信息素微胶囊产品的种类；并通过不同材料的开发延长昆虫信息素产品的持效期。在昆虫信息素商品化方面，降低昆虫信息素成本和提高昆虫信息素效果的技术发展，国外的发展速度和储备技术的商品化稍快于我国，但我国待商品化的生物技术已有一定储备。昆虫信息素商品化，特别在昆虫信息素应用技术方面，国外现有应用技术较符合国外的应用情况，但国内外种植模式存在较大差异，我国昆虫信息素产品的田间应用正在发展成为符合我国实际种植情况的应用技术。

二、研究内容侧重比较

1. 化学感受机制方面

我国的化学生态学主要对农林业害虫研究，比如蚜虫、小菜蛾、绿盲蝽、斑潜蝇、瓜果实蝇等对农业为害比较大的害虫，也有部分益虫或资源昆虫，如食蚜蝇、家蚕、蜜蜂等。主要研究昆虫性信息素的分离、鉴定以及化学感受基因。在化学感受的研究中，嗅觉感受研究的成果比较多，味觉、视觉感受研究相对较少。在嗅觉感受蛋白研究中，气味结合蛋白与气味受体的研究较多，神经元膜蛋白研究内容最少。目前中国科学院动物研究所、中国农业科学院植物保护研究所、南京农业大学、浙江大学、中国农业大学、华中农业大学、河南农业大学等高校和研究所都在开展此方向的研究。我国在此方向的研究起步晚但发展迅速，目前和国际上研究进展同步。

在昆虫的嗅觉编码机制方面，国外的研究处于领先水平，主要特点是以模式昆虫黑腹果蝇为研究材料，取得了一些突破性的研究成果。如美国洛克菲勒大学 Vanessa Ruta 课题组在气味受体晶体结构的解析方面取得了突破性进展，该团队首先解析研究了 ORco 蛋白的静态结构，该研究结果于 2018 年在 *Nature* 上发表。在该研究的基础上，2021 年该团队又进一步解析了气味受体与气味分子结合时的动态结构，研究成果再次发表在 *Nature* 上。2020 年 3 月 4 日瑞士洛桑大学和美国犹他大学的研究人员在 *Nature* 杂志发表了题为 Olfactory receptor and circuit evolution promote host specialization 的研究报告，揭示了 *Drosophila sechellia* 这类果蝇"挑食"的生物学原因。研究人员借助基因组编辑工具 CRISPR–Cas9 发现，一类气味受体蛋白 OR22a 在这些果蝇的感觉神经元中表达更为丰富，也正是 OR22a 氨基酸序列的微小变化导致了它们对特定食物的偏爱。该研究还入选了 *Nature* 公布的 2020 年度十大发现。

国内虽然在模式昆虫的研究中与国外还有差距，但在非模式昆虫特别是农林业害虫的嗅觉机制研究方面，国内科学家取得了一系列高水平的国际领先的研究成果。2020 年 8 月 12 日，中国科学院动物研究所康乐团队在 *Nature* 发表了题为 4–Vinylanisole is an aggregation pheromone in locusts 的论文。康乐团队通过分析群居型飞蝗和散居型飞蝗的体表和粪便挥发物，在 35 种化合物中鉴定到了一种由群居型蝗虫特异性挥发的气味 4– 乙烯基苯甲醚（4VA）。通过一系列行为实验确定该化合物对群居型和散居型飞蝗的不同发育阶段和性别都有很强的吸引力，能够响应蝗虫种群密度的变化。本项研究将昆虫化学生态学的研究提高到一个新阶段。除此之外，国内多个研究团队也在农业害虫棉铃虫、小菜蛾、烟青虫等的嗅觉研究方面取得了一系列的研究进展，在国际顶级杂志 *PNAS*、*Current biology*、*Molecular Biology and Evolution*、*Nature Communication* 等发表了多篇高水平研究论文并受到了国际同行的关注。

2. 多营养级研究方面

植物 – 害虫 – 天敌等多营养级互作受到越来越多国内外学者的关注，并取得了一系列成果：鉴定了一批对昆虫或天敌行为具有调控作用的植物挥发物和昆虫信息素等，解析了昆虫或天敌对其感受机制；进一步深入研究了植物次生代谢产物的多重生态学功能及其在植物中的合成网络；揭示了植物感受虫害或虫害诱导临近植物挥发物的分子机制。在应用层面，研发了一批害虫绿色防控技术和产品，完善了害虫监测和防控技术体系。相较于国外研究，国内研究更加关注天敌昆虫调控害虫生理和生态的分子机制研究，在重要生物学现象的挖掘方面稍显薄弱；植物代谢产物、挥发物等的分析技术有待进一步加强；植物 – 害虫 – 天敌协同进化的机制研究相对薄弱；缺乏优质高效天敌资源以及对天敌控害基因资源的挖掘和利用。

3. 内共生菌生态功能研究方面

昆虫肠道微生物会对植物的防御反应做出响应，减轻或加重植物防御反应对宿主昆虫的影响。昆虫肠道微生物包括细菌、真菌、原物动物等，目前研究较多的是细菌。集中在以下几个方面：

（1）肠道微生物组在肠道中的功能和生态学，如昆虫的生活史和取食策略如何影响肠道微生组的生态学、环境的异质性如何影响昆虫的肠道微生物组。

（2）昆虫肠道微生物组与植物防御反应的互作，如植物防御反应如何改变围食膜的完整性和与微生物的联系、植物化学防御与肠道微生物的互作、肠道微生物对植物防御诱导调节作用的影响。

（3）宿主昆虫、肠道微生物与植物防御三者之间的互作关系，如植物防御、微生物与免疫信号系统之间的互作、植物源微生物对肠道微生物定殖演替的影响。目前，国内的研究多集中在昆虫肠道微生物的多样性、杀虫剂等异生物质对昆虫肠道微生物群落结构的影响，以及肠道微生物对异生物质的降解。

4. 寄生植物与寄主之间的互作关系方面

大约 1% 的被子植物是寄生植物，其寄生习性在被子植物中经历了 12～13 次的独立起源。寄生植物具有独特的生理、生态以及进化特性，但是到目前仍然还没有得到深入研究。寄生植物在进化过程中都进化出了一个特殊的器官——吸器（haustoria），而吸器是如何进化而来的，是由哪些关键基因调控的，目前仍然是未知的。寄生植物通过吸器与寄主形成维管束的连接，为研究寄生植物与寄主之间的互作提供一个新的模型，然而目前有关它们的相互作用研究还非常少，其互作分子机制还不清楚，特别是不同的寄主植物是如何感应寄生植物的寄生而做出不同防御机制，鲜有报道。通过组学手段，国内外研究者发现寄生植物与寄主间存在 mRNA、次生代谢产物、蛋白质等物质的交流，同时也发现一些系统性信号的传递（如抗虫、盐胁迫、氮胁迫等系统信号），但其分子机制以及系统信号的本质是什么仍不清楚。目前，日本研究者已经建立了半寄生植物松蒿的遗传转化体系，在此研究领域取得了一系列比较前沿的工作进展。全寄生植物（如菟丝子、列当等）还没有建立遗传转化体系，虽然有报道可以利用寄主介导的 RNAi 来研究菟丝子基因的功能，但是其稳定性和规模性还远远不够。此外，菟丝子、独脚金、大王花以及松蒿等寄生植物已经获得了基因组信息，为寄生植物的功能基因组研究提供了有用的信息平台。目前国外对寄生植物的研究发展得比较快，在分子水平的研究上也十分超前；而国内对寄生植物菟丝子、列当及马先蒿等的研究大多停留在宏观层面，分子方面的研究还十分少，与国外相比有一定的差距。

5. 重金属污染的生态影响研究方面

近年来，重金属污染引起的粮食安全问题引发了国人广泛关注。植食性昆虫作为植物的更高一级营养级在食物链中具有关键作用。且昆虫比大型动物更易于饲养，繁殖速率更快，且其生殖行为模式化程度高，是研究有毒化合物影响动物生殖系统及其行为响应的合适动物模型。目前国内外以昆虫为动物模型进行重金属生长发育和生殖系统的研究主要包括鳞翅目和直翅目等植食性昆虫。研究结果表明，重金属胁迫能抑制昆虫的生长发育并降低昆虫的生殖力。同时，在昆虫对重金属的积累、排泄和转移方面也有不少研究，发现昆虫能通过排泄、蜕皮等方式将重金属排出体外，或通过被取食的方式将重金属转移到下一营养级。目前国内在重金属影响昆虫生长发育、生理代谢等的研究较为明确，关于重金属在不同营养级的转移也有较多关注。然而目前这些研究还主要集中在行为和生理层面，对昆虫对重金属的代谢解毒，影响各生命表征的分子机制研究较少。在昆虫对重金属的可塑性方面没有长期的观测和研究，一般研究当代或连续三代昆虫对重金属胁迫的响应。国外以果蝇为动物模型，在研究动物对重金属的解毒机制上有较大进展，发现解毒重金属的关键解毒蛋白酶基因 *MT*，在其基因上游有能特异结合重金属离子的金属反应元件，且在昆虫对重金属可塑性研究上有较长期（超过 40 代）的观测和探索。

6. 作物抗性分子机制研究方面

近年来国际上在主要农作物抗病抗虫的分子机制和抗性基因的功能研究方面取得一系列重要进展，国内科学家在水稻抗稻瘟病、小麦抗赤霉病、水稻抗褐飞虱等领域也取得重大进展（Deng et al., 2017; Wang et al., 2020; Gao et al., 2021）。但是，国内在主要农作物抗病抗虫的化学生态学机制研究相对弱化，主要农作物抗病抗虫的主要化学物质是什么，这些物质到底在病虫害抗性中起多大的作用还不清楚。

7. 蜜蜂与其天敌的协同进化方面

亚洲是蜜蜂（*Apis* sp.）资源最丰富的地区，也是蜜蜂天敌（胡蜂、蜘蛛、蚂蚁等）最活跃的区域，研究两者的协同进化具有得天独厚的条件，也取得了一定的进展。近年来，随着胡蜂的入侵及病原微生物的不断扩散，蜜蜂对不良环境的响应机制及蜜蜂与天敌的协同进化机制受到全世界的关注。国外更多地关注基础性问题，而国内更倾向于实际应用。两者的融合发展是未来的方向。

总的来说，国际化学生态学呈现出如下格局：传统研究内容和技术得以延续和深入，分子生物学和生物技术广泛渗入化学生态学领域；昆虫信息素和植物化学物质在害虫防治和植物源生物农药开发中得到越来越广泛的应用，而化学感受的分子机制和神经生物学机制、化学信号物质的生物合成途径等基础研究更加深入；海洋生物化学生态学研究呈现良好发展势头；高等动物和人的化学生态学研究亦有不少成果和应用。国际上昆虫信息素的分离、鉴定、合成和利用，已经形成了非常完整的体系，为其他类别的信息化学物质的研究和应用提供了借鉴。分子生物学和生物技术为深入阐明生物间化学联系的机制、活性物质结合蛋白或信号分子的功能验证、化学生态学的应用等提供了前所未有的技术支撑。

我国化学生态学的主要优势是在主要农作物和重要农业害虫上，其研究目的性强，具有更好的应用潜力。不足之处主要是我国多数研究属于起步阶段，研究积累不够，研究低水平重复比较多，创新性不够，研究的深入性有待提高。嗅觉化学感受研究多，味觉研究相对较少；我国对于昆虫信息素的分离和鉴定和国际上差距不大，但在合成和利用方面存在明显不足；目前对于植物信息化合物作用机制、行为影响方面的研究，我国可以说与国际上差距不大，但总的来说系统性不够。随着我国科技投入不断加大，越来越多年轻人加入化学生态学研究队伍，我国化学生态学的研究水平已有显著提高，相信将来会有更多领先世界水平的研究成果。

第七章　未来5年学科战略需求和重点发展方向

一、基础研究方面

在害虫发生和防治的分子基础和分子调控的研究领域，借助转录组、代谢组、基因组等组学研究平台，结合RNA干扰、基因编辑、分子对接、动力学分析等现代生物技术，以及分子对接为代表的计算机模拟技术，推动昆虫化学生态学机制的进一步诠释。

入侵种在传入、定殖、扩张和暴发成灾过程中，必然与入侵地的其他物种产生互作，且受到各种生物和非生物因子的影响。为应对多重选择压力，入侵种往往发生快速进化与演化，以适应新的环境。这种快速进化/演化促进入侵种不断突破自身极限和适生范围，严重威胁生态、生物、粮食与经济安全。因此，入侵种快速适应性演化过程与进化机制是入侵生物学研究的前沿热点和核心科学问题，也是实现外来入侵种有效防控的科学基础。因此，有必要加大重大入侵种基础研究投入力度，在基因组进化、表型可塑性、共生入侵及多物种互作网络等方面系统阐明适应性进化的分子和化学机制，并在此基础上筛选新型分子干预和化学信息调控靶点，为入侵种的绿色防控奠定基础。

应进一步从生物通信角度研究植物－土壤－重要病原/害虫/杂草间的多元复杂互作关系，解析植物抵御多种生物侵染和非生物逆境的机制，揭示诱发主要有害生物发展及灾变的生物通信模式，阐明环境因子和耕作制度等对生物通信的影响和机制，创建以有利于作物健康生长及抗病抗逆的生物通信模式为基础的有害生物生态调控技术体系。同时，昆虫体内多种嗅觉感受蛋白的有序表达和协同作用是其实现嗅觉功能的基础，通过研究对嗅觉相关蛋白的表达调控是探明昆虫嗅觉感受机制的基础。进一步探索嗅觉相关蛋白的转录调控机制是重要方向。此外，围绕有害生物化学生态适应及灾变的关键科学问题，建立具有昆虫学、微生物学、植物学、基础生物学、生物信息学等不同学科背景交叉的创新团队，解析生态系统中昆虫与植物互作机制。

重金属污染问题日益严重，近年来"镉大米"事件频出，严重影响人们的身体健康。因此农业生态系统的重金属污染问题是未来几年我们需要关心的问题。以土壤－植物－昆虫为模型对农业生态系统进行安全评估，加强国际和国内多地区之间的合作交流，在全国乃至全球范围内研究昆虫受重金属胁迫的影响以及适应性进化等。

大量使用农药控制虫害已经造成严重的环境污染、食品安全隐患和害虫抗药性增加等一系列问题。害虫抗药性是一个全球性重大问题，并且发展迅速，如果得不到有效的控制，不仅会给农业生产造成巨大损失，对农药减量形成严重挑战，也会给农产品质量安全带来巨大隐患，长此以往甚至会造成"无药可用"的后果。在国家大力推动绿色发展、生态文明建设等背景下，减少农药施用并发展农作物有害生物绿色防控是当务之急。提高农作物自身对病虫害的抗性是关键。植物进化过程中产生的各种化学物质是其抵御害虫与病原菌的重要途径，揭示植物特别是主要农作物的化学防御机制具有重要理论意义与潜在的应用价值，加强主要农作物化学防御领域的研究十分必要。国家应大力加强主要作物重大害虫抗药性形成机制、关键调控因子、有效降低害虫抗药性和提高农药药效等领域的研究，为主要作物重大害虫控制和减少农药施用奠定基础。

东北地区所处的纬度与有松材线虫分布的加拿大基本相同，现有树种及媒介昆虫适宜松材线虫生存及扩散，亟待做好防控松材线虫入侵的基础科研工作。近年来由松材线虫造成的损失远远大于森林火灾，造成生态环境质量严重下降。松材线虫现已扩散至吉林省，如果松材线虫进一步扩散至黑龙江省，那么东北地区大面积松林将会受到严重损害，将会带来严重的生态灾难。因此，探究低温抗逆机制，探讨松材线虫能够在东北地区顺利定殖并完成完整生活史的分子生物学和化学生态学机制，对提前做好预防措施，确保东北地区生态环境稳定，贯彻生态文明建设有不可忽视的意义。

膜翅目蜂类是热带及亚热带地区的主要传粉媒介昆虫。但是物种入侵、环境破坏、气候变化等因素严重威胁着传粉昆虫类群的种类和数量。而解析环境变化与昆虫群体的关系甚至信息交流需要涉及诸多学科的理论和手段。大力促进多学科的交叉融合，利用分子、化学与生理学技术手段解析社会昆虫在不良环境中的信号认知与交流的机制、传粉昆虫与植物及蜜蜂与天敌的协同进化机制，为野生蜜蜂在生态系统中维持生物多样性的作用等问题提供重要的科学依据。

二、成果应用方面

积极引领生物和化学领域的高新技术在化学生态学研究中的应用。例如，基于靶点和配体的新型药物设计为我们开发新型信息化合物做了很好的示范作用，这一系列技术有望加速生物活性化合物的发现，并促进化学生态学研究前沿。

大力开展田间研究。以往的研究主要集中在实验室或温室内进行，难以真正评估自然生境中其他生物、非生物因子对植物－昆虫－天敌互作关系的影响、揭示防御基因及防御化合物的生态学功能。因此，今后应首先以我国重要的农作物为对象，在田间生态系统中开展植物－昆虫－天敌为核心的多级营养关系互作研究，深入揭示宏观生态学现象背后的分子及化学机制，探求有效的害虫绿色防控措施。

三、政策支持和管理方面

增加项目设置。目前我国的科研项目设置缺乏对昆虫化学生态学领域的专门项目支持，国家"十三五"重点研发项目中，没有专门的昆虫化学生态学项目。相关研究团队一般是作为参加单位参与到生物防治、生态调控等其他项目中，不利于昆虫化学生态学领域研究团队的合作。在目前国家自然科学基金的申请代码中昆虫化学生态学相关的代码C040602昆虫行为学、C040603昆虫生理生化与毒理等属于C04动物。农业昆虫相关研究对应的研究方向是C14植物保护学，此研究方向下并未设置昆虫化学生态学，申请项目时只能选择C1402农业昆虫学、C1409作物与生物因子互作等申请代码，现在亟需设置植物保护学研究方向下化学生态学相关的申请代码。

政策支持和技术应用。嗅觉行为调控技术是特异性调节靶标害虫行为的绿色防控技术，包括性引诱剂、植物源引诱剂和害虫交配干扰剂等嗅觉调控化合物及其应用技术。其主要原理是对来源于昆虫、植物、微生物等的活性气味分子，进行人工合成后以特定剂型释放到田间，通过吸引害虫取食、产卵、交配，直接诱杀成虫或者干扰害虫交配，减少靶标害虫的后代种群数量，从而达到害虫绿色防控的目的。目前国内外已有大量成功的实例。实践证明，它将在害虫综合管理中占有越来越重要的位置。虽然国外昆虫信息素技术已经形成完善的产业体系，但我国发展相对缓慢、滞后，与需求相比存在较大缺口。从产业政策方面分析，在国家鼓励发展产业政策说明文件中将生物农药作为国家重点鼓励发展的产业之一，但对于昆虫性引诱剂、植物源引诱剂等一直缺乏明确科学的定义，通常将昆虫性引诱剂、植物源引诱剂归为生物农药类。昆虫性信息素已明确被列为生物化学农药的一大类，性引诱剂可以作为一类生物农药，依照相关规定应在国家农业农村部所属机构农药检定所进行登记。目前已有多种昆虫性引诱剂成功登记。但植物源引诱剂在生物化学农药类别下无法找到对应的小类，目前尚无成功登记的案例。

在昆虫信息素商品化上，建议增加科研单位基础研究到企业商品化转化的项目和政策支持；在博士等高端人才培养中，充分考虑基础研究与应用技术研究两种研究人才的培养，鼓励高端人才到企业中开展工作，并给予相应的政策支持。

部分高校或科研单位存在仪器购买后因缺乏专业技术人员而闲置或利用效率低的情况。因此，在未来五年内，相关单位需要注意专业技术人员的培养并提高相关人员的待遇，进而提高高效液相色谱/质谱等仪器的利用率和分析准确率，解决众多科研工作者存在的代谢产物分析鉴定困难的瓶颈问题。

注重建立我国自己的种质资源库，包括种子、天敌昆虫以及昆虫病原微生物等，为大尺度研究及生产应用提供保障。

促进学科交叉合作。以国内植物学、昆虫学、微生物学、生物信息学、生态学等学科的优势高校、科研单位为主体，大力促进多学科的交叉融合，激发创新活力，深入开展多级营养关系的互作研究，取得更多的原创性成果，提升我国在相关领域的研究水平和国际竞争力。

为推动本领域的应用研究和推广，应提供相应的人才考核指标和政策支持，减轻目前青年科研工作者在以学术成果为主要考核和评价指标的背景下，从事应用研究所面临的工作和生活压力。

第八章　我国化学生态学发展战略的实现途径和措施

化学生态学的理论和应用，已取得了许多重要的进展，显示了良好的发展前景。随着我国生态文明建设、乡村振兴和医疗卫生、环境保护的需要，化学生态学必将发挥更大作用，也将会成为我国实现可持续发展的重要理论基础。我国化学生态学的发展，既需要长期的基础研究，也要将成果不断转化。

一、学科发展战略的实现途径

1. 坚持化学生态学传统研究及其成果应用

持续进行昆虫信息素鉴定、合成、行为测定和田间应用。昆虫信息素已经成为害虫预测预报、综合治理的重要组成部分。同时，具有生物活性的植物次生物质的研究也应同样受到关注，纯化物质或粗提物可以在害虫防治中发挥作用；利用活性物质为模板合成新的活性更强的生物农药。

2. 新技术的持续应用

化学生态学是典型的交叉学科，新技术、新手段的应用是保持学科活力和深入研究机制的需要。分子生物学和传统的化学生态学互相结合，使化学生态学的机制研究更加深入，也使得学科之间的界限变得模糊，因此，我们乐于看到将来越来越多的化学生态学问题通过多种技术加以解决。系统化学生态学（systems chemical ecology）的理论认为，在"组学"时代，化学生态学研究所涉及的信息化学物质的生态作用，将通过多组学的视角加以全面、系统阐释。同时，生物技术开辟了化学生态学应用的新途径，可用于调控作物抗性、昆虫行为和生物互作方式。

3. 化学感受机制的研究

越来越多昆虫的化学感受蛋白、信息素结合蛋白基因序列等被鉴定出来，其功能验证也在近些年取得了很多成果。化学物质感受的神经投射部位等神经生物学机制也在不断得到揭示。这些研究不但解释了部分昆虫的取食、产卵、趋避和求偶行为的生化和分子机制，而且可用于阐明昆虫行为、生殖隔离现象的生态机制。依据昆虫化学感受蛋白家族中不同成员的生理功能及其结构，有可能开发出以该家族成员为靶标的昆虫行为干扰因子，通过调控害虫行为、干扰其正常生理活动，最终达到防治害虫的目的。

4. 生物多层级互作的化学生态学机制研究

植物地上地下部分诱导反应的协调性研究，是近些年值得关注的研究方向之一。以往研究植食者取食后诱导植物防御反应，只关注植物地上部分的局部或系统诱导反应及其生化或分子机制，现在人们开始研究植物地上和地下部分同时或分别受害后的相互影响，这使植物诱导反应机制的研究更加符合实际，而且也证明了植物诱导反应的系统性和复杂性，也是研究昆虫－植物协同进化的极好模式。

病毒－介体昆虫－植物相互影响并协同进化，而昆虫体内的共生菌在昆虫对付有毒植物次生物质、传播病毒等方面发挥着重要作用。因此，微生物化学生态学与昆虫化学生态学相互结合的研究，可以为揭示自然界复杂的生态规律、化学相互作用规律、生物协同进化规律提供丰富的实验例证，同时可以为有害昆虫和植物病毒病的有效治理、抗病虫作物的选育、生物农药的研发等奠定理论基础和指明方向。

二、学科发展战略的措施

1. 持续支持基础研究

我国有着丰富的生物资源和农林医学重大课题，这是开展化学生态学研究的良好条件。①在农林领域，应鼓励继续以我国重要经济昆虫家蚕和重要农业害虫棉铃虫等为研究对象，系统开展嗅觉和味觉基因挖掘和功能鉴定工作，并深入揭示嗅觉和味觉识别的机制，为深入开发重要资源昆虫和控制重要农业害虫的猖獗为害提供理论基础；同时坚持开展信息化学物质和包括昆虫在内的生物信息素和次生物质的生物学和生态学研究，包括信息素合成与释放机制、信息素的生态学功能和生态学机制。②在基础领域，支持利用模式生物（包括拟南芥、果蝇、线虫等）开展化学生态相关的机制研究。③特别支持一些团队以蚊虫、蜱虫等为材料开展医学卫生领域的基础研究，为防控媒介传染病提供理论基础。

2. 深入开展应用研究

鼓励更多实验室开展昆虫信息素合成途径的研究，并把研究结果应用到害虫防治中，比如将信息素合成酶基因转到作物中表达。加强信息化学物质（信息素和次生代谢物质）与不育剂、细菌、病毒等生物制剂配合使用研究，扩大信息素的应用范围和防控效果，利用多种信息素强化多种天敌调控害虫种群的力度。此外，要把化学生态产品的田间应用技术列入支持范围，如缓释技术、诱捕器等的改进，与其他技术（生物防治、物理防治等）的协调措施等。

3. 鼓励仪器研发和技术创新

建议国家基金委和科技部设置化学生态学专用仪器研发的项目，一方面摆脱依赖西方仪器的局面，另一方面做出有完全自主产权的新设备，以满足化学生态学研究的需要。电生理设备、化学分析设备可以走从模仿、集成创新到完全创新的路子，而生物测定和行为测定的设备，完全可以自主创新，如嗅觉仪、风洞等。创新一些可以利用人工智能的新设备，是完全可行的。

4. 形成良好合作机制

化学生态学的交叉学科性质，决定了其研究特别需要不同学科的合作，一方面要加强国内外同行间的合作与交流，另一方面特别要加强生物学家和化学家的合作、不同生物学领域（如生态学、微生物学、昆虫学、分子生物学等）的科学家合作。努力把化学生态学的一些重要科学问题列入国家的一些重大研究计划中。交叉学科的范围不应限定在一级学科间的交叉，生物学不同学科间的合作也应该列入交叉学科的范畴。

5. 设置化学生态学专业，培养后备人才队伍

目前高校和研究所只在研究生阶段开设化学生态学课程，还没有化学生态学的本科专业，因此，很多高校领导和教师并不理解化学生态学的含义。建议有条件的综合性高校和农林高校开设化学生态学专业，建设课程体系和培养计划，培养化学生态学后备人才。

6. 加强化学生态学科普宣传

公众的支持是学科发展的动力。目前尚未见化学生态学的科普著作或其他产品，化学生态学工作者和化学生态专业委员会可以做很多科普方面的工作，如组织撰写科普书籍，发表科普文章，举办科普讲座，利用网络媒体（如抖音、B站等）拍一些科普视频等。同时，挖掘和发现一批热心化学生态学的科普人才，鼓励退休科学家进行科普宣传活动等。

主 要 参 考 文 献

保敏，乔海莉，石娟，等 . 重大入侵害虫松树蜂繁殖行为及化学生态调控研究进展［J］. 林业科学，
　　2020. 56（6）：127–141.

郭冰，郝恩华，王菁桢，等 . 入侵害虫松树蜂气味结合蛋白与其相关信息化学物质的分子对接［J］. 植物
　　保护学报，2019. 46（5）：1 004–1 017.

李红卫 . 飞蝗口器嗅觉神经元编码特征及一种气味分子受体功能的研究［D］. 北京：中国农业大学，
　　2018.

Abad MKR, Fathi SAA, Nouri-Ganbalani G, et al. Influence of tomato/clover intercropping on the control of
　　Helicoverpa armigera (Hübner) [J]. International Journal of Tropical Insect Science, 2020, 40: 39–48.

Aldon D, Mbengue M, Christian M, et al. Calcium signalling in plant biotic interactions [J]. International Journal
　　of Molecular Sciences, 2018, 19: 665, doi:10.3390/ijms19030665.

Bayram A,Tongˇa A. Methyl jasmonate affects population densities of phytophagous and entomophagous insects
　　in wheat[J]. Applied Ecology and Environmental Research, 2018, 16 (1): 181–198.

Bayram A,Tongˇa A. cis-Jasmone treatments affect pests and beneficial insects of wheat (*Triticum aestivum* L.):
　　The influence of doses and plant growth stages [J]. Crop Protection,2018,105: 70–79.

Chen DM, Chen DQ, Xue RR, et al. Effects of boron, silicon and their interactions on cadmium accumulation and
　　toxicity in rice plants [J]. Journal of Hazardous Materials. 2019, 367: 447–455.

Elzaki MEA, Xue RR, Hu L, et al. Bioactivation of aflatoxin B1 by a cytochrome P450, CYP6AE19 induced
　　by plant signaling methyl jasmonate in *Helicoverpa armigra* (Hübner) [J]. Pesticide Biochemistry and
　　Physiology, 2019, 157: 211–218.

Guo J, Qi J, He K, et al. The Asian corn borer *Ostrinia furnacalis* feeding increases the direct and indirect defence
　　of mid-whorl stage commercial maize in the field [J]. Plant Biotechnol J. 2019. 17: 88–102.

Guo XJ, Yu QQ, Chen DF, et al. 4-Vinylanisole is an aggregation phenomone in locusts [J]. 2020. Nature, 584:
　　584–588.

Hetan Chang, Yang Liu, Dong Ai, et al. A pheromone antagonist regulates optimal mating time in the moth
　　Helicoverpa armigera [J]. Current Biology. 2017, 27(11): 1 610–1 615.

Huang XX, Xiao YT, Kllner TG. The terpene synthase gene family in *Gossypium hirsutum* harbors a linalool
　　synthase GhTPS12 implicated in direct defence responses agains herbivores [J]. Plant, Cell & Environment,
　　2018, 41: 261–274.

Ji H, Kyndt T, He W, et al. β -aminobutyric acid-induced resistance against root-knot nematodes in rice is based
　　on increased basal defence [J]. Molecular plant -microbe interactions: MPMl, 2015. 28: 519–529.

Jiang NJ, Mo BT, Guo H, et al. Revisiting the sex pheromone of the fall armyworm *Spodoptera frugiperda*, a new
　　invasive pest in South China [J]. Insect Science. 2021.DOI 10.1111/1744–7917. 12956.

Jiang NJ, Tang R, Guo H, et al. Olfactory coding of intra and interspecific pheromonal messages by the male
　　Mythimna separata in North China [J]. Insect Biochemistry and Molecular Biology, 2020.125: 103439.

Leslie AW, Hamby KA,McCluen SR,et al. Evaluating a push-pull tactic for management of *Epilachna varivestis* Mulsant and enhancement of beneficial arthropods in *Phaseolus lunatus* L [J]. Ecological Engineering, 2020, 147: 105660.

Li J, Zhang L. Two sex-specific volatile compounds have sex-specific repulsion effects on adult locust, *Locusta migratoria manilensis* (Meyen) (Orthoptera: Acrididae) [J]. Entomological News, 2018, 127 (4): 293–302.

Li RT, Huang LQ, Dong JF, et al. A moth odorant receptor highly expressed in the ovipositor is involved in detecting host-plant volatiles [J]. eLife. 2020. 9: e53706.

Lu K, Cheng YB, Li YM, et al. The KNRL nuclear receptor controls hydrolase-mediated vitellin breakdown during embryogenesis in the brown planthopper, *Nilaparvata lugens* [J]. Insect Science. 2020. doi: 10.1111/1744–7917.12885.

Lu K, Cheng YB, Li WR, et al. Activation of CncC pathway by ROS burst regulates cytochrome P450 CYP6AB12 responsible for λ-cyhalothrin tolerance in *Spodoptera litura* [J]. Journal of Hazardous Materials. 2020, 121698. doi /10.1016/j.jhazmat. 2019.121698.

Lucie Bastin-He' line, Arthur de Fouchier, Song Cao, et al. A novel lineage of candidate pheromone receptors for sex communication in moths [J]. elife. 2019, 8: e49826.

Nguyen D, Rieu I, Mariani C, et al. How plants handle multiple stresses: Hormonal interactions underlying responses to abiotic stress and insect herbivory [J]. Plant Molecular Biology, 2016, 91: 727–740.

Pickett JA, Woodcock CM, Midega C A, et al. Push-pull farming systems [J]. Current Opinion in Biotechnology, 2014, 26: 125–132.

Ping Hu, Jing Tao, Mingming Cui, et al. 2016. Antennal transcriptome analysis and expression profiles of odorant binding proteins in *Eogystia hippophaecolus* (Lepidoptera: Cossidae) [J]. BMC genomics, 2016, 17(615): 123–145.

Qi JF, Zhang M, Lu CK, et al. Ultraviolet-B enhances the resistance of multiple plant species to lepidopteran insect herbivory through the jasmonic acid pathway [J]. 2018. Sci Rep-Uk. 8: 277.

Raja V, Majeed U, Kang H, et al. Abiotic stress: Interplay between ROS, hormones and MAPKs [J]. Environmental and Experimental Botany, 2017, 137: 142–157.

Sun YL, Dong JF, Ning C, et al. An odorant receptor mediates the attractiveness of cis-jasmone to *Campoletis chlorideae*, the endoparasitoid of *Helicoverpa armigera* [J]. 2019. Insect Molecular Biology, 28: 23–34.

Sun ZX, Shi Q, Li QL, et al. Identification of a cytochrome P450 CYP6AB60 gene associated with tolerace to multi-plant allelochemicals from a polyphagous caterpillar tobacco cutworm (*Spodoptera litura*) [J]. Pesticide Biochemistry and Physiology, 2019, 154: 60–66.

Sun ZX, Lin YB, Wang RM, et al. Olfactory perception of herbivore-induced plant volatiles elicits counter-defences in larvae of the tobacco cutworm [J]. Functional Ecology. 2021. 35: 384–397.

Thomas AM, Williams RS, Swarthout RF. Distribution of the specialist aphid *Uroleucon nigrotuberculatum* (Homoptera: Aphididae) in response to host plant semiochemical induction by the gall fly *Eurosta solidaginis* (Diptera: Tephritidae) [J]. Environmental Entomology, 2019, 48: 1 138–1 148.

Turlings TCJ, Erb M. Tritrophic interactions mediated by herbivoreinduced plant volatiles: Mechanisms, ecological relevance, and application potential [J]. Annual Review of Entomology, 2018, 63: 433–452.

Wang WC, Cao DD, Men J, et al. (R)-(+)-citronellal identified as a female-produced sex pheromone of *Aromia bungii* (Coleoptera: Cerambycidae) [J]. Egyptian Journal of Biological Pest Control, 2018, 28: 77–85.

Wang WW, Zhou PY, Mo XC, et al. Induction of defense in cereals by 4-fluorophenoxyacetic acid suppresses insect pest populations and increases crop yields in the field [J]. Proceedings of the National Academy of Sciences of the United States of America,2020,117(22): 12 017–12 028.

Wei JR, Zhou Q, Hall L, et al. Olfactory sensory neurons of the Asian Longhorned Beetle, *Anoplophora glabripennis*, specifically responsive to its two aggregation-sex pheromone components [J]. Journal of chemical ecology, 2018, 44(7), 637–649.

Xin ZJ, Cai XM, Chen SL,et al. A disease resistance elicitor laminarin enhances tea defense against a piercing herbivore *Empoasca* (*Matsumurasca*) *onukii* Matsuda [J]. Scientific Reports, 2019, 9: 814.

Xu H, Zhao J, Li F, et al. Chemical polymorphism regulates the attractiveness to nymphs in the bean bug *Riptortus pedestris* [J]. Journal of Pest Science, 2021, 94: 463–472.

Xu T, Chen L. Chemical communication in ant-hemipteran mutualism: potential implications for ant invasions [J]. Current Opinion in Insect Science 2021, 45: 121–129.

Xu T, Xu M, Glauser G, et al. Revisiting the chemical characterization of the trail pheromone components of the red imported fire ant, *Solenopsis invicta* Buren. *Molecules* 2021, submitted.

Xu T, Xu M, Lu Y, et al. A trail pheromone mediates the mutualism between ants and aphids [J]. Current Biology, 2021.

Yang J, Guo H, Jiang NJ, et al. Identification of a gustatory receptor tuned to sinigrin in the cabbage butterfly Pieris rapae [J]. 2021. PLoS Genetics 17, e1009527.

Yang J, Nakayama N, Toda K, et al. Structural determination of elicitors in *Sogatella furcifera* (Horváth) that induce Japonica rice plant varieties (*Oryza sativa* L.) to produce an ovicidal substance against *S. furcifera* eggs [J]. Bioscience, Biotechnology, and Biochemistry, 2014, 78: 937–942.

Yang K, Gong XL, Li GC, et al. (2020) A gustatory receptor tuned to the steroid plant hormone brassinolide in *Plutella xylostella* (Lepidoptera: Plutellidae). eLife 9: e64114. doi:10.7554/eLife.64114.

Zhang H, Zhu YB, Liu ZW, et al. A volatile from the skin microbiota of flavivirus-infected hosts promotes mosquito attractiveness [J]. Cell, 2022. 185, 2 510–2 522.

Zhou PY, Mo XC, Wang WW, et al. The commonly used bactericidebismerthiazol promotes rice defenses against herbivores [J]. International Journal of Molecular Sciences, 2018, 19(5): 1 271.

Zou YF, Hansen L, Xu T, et al. 2019. Optimizing pheromone-based lures for the invasive red-necked longhorn beetle, *Aromia bungii* [J]. Journal of Pest Scinece, 2019, 92, 1 217–1 225.

附　录

我国化学生态专业委员会发展历程

1989 年 12 月 30 日，中国生态学学会召开在京理事扩大会议，决定设立化学生态专业委员会。聘任中国科学院上海昆虫研究所陈元光所长为主任委员，孟宪佐和杜家纬为副主任委员，挂靠中国科学院上海昆虫研究所。

1990 年 12 月 10 ~ 11 日，化学生态专业委员会在北京召开第一次会议，推选产生了由 12 人组成的第一届专业委员会，陈元光所长任主任委员。

第一届专业委员会组成人员（1990）

职位	姓名	单位
主任委员	陈元光	中国科学院上海昆虫研究所
副主任委员	杜家纬	中国科学院上海昆虫研究所
	孟宪佐	中国科学院动物研究所
	孔令韶	中国科学院植物研究所
	华湘翰	江苏省激素研究所
	吴才宏	北京大学生物系
	李正名	南开大学元素研究所
委员	林国强	中国科学院上海有机化学研究所
	赵成华	中国科学院动物研究所
	黄远达	武汉粮食工业学院
	黄新培	北京农业大学植物保护系
	滕有为	中国科学院成都有机化学研究所

1993 年 4 月 8 ~ 9 日，化学生态专业委员会在北京召开全体委员会议，推选产生了第二届专业委员会，陈元光所长继续任主任委员。

第二届专业委员会组成人员（1993）

职位	姓名	单位
主任委员	陈元光	中国科学院上海昆虫研究所
副主任委员	杜家纬	中国科学院上海昆虫研究所
副主任委员	孟宪佐	中国科学院动物研究所
	孔令韶	中国科学院植物研究所
	吴才宏	北京大学生物系
	李正名	南开大学元素研究所
委员	林国强	中国科学院上海有机化学研究所
	祝心如	中国科学院生态环境研究中心
	赵成华	中国科学院动物研究所
	黄新培	北京农业大学植物保护系
	滕有为	中国科学院成都有机化学研究所
	黎教良	轻工业部甘蔗糖业科学研究所

1998 年 4 月 12 ~ 15 日，化学生态专业委员会在河南郑州召开代表大会，推选产生了第三届专业委员会，杜家纬研究员任主任委员。

第三届专业委员会组成人员（1998）

职位	姓名	单位
主任委员	杜家纬	中国科学院上海昆虫研究所
副主任委员	黄勇平	中国科学院上海昆虫研究所
	孟宪佐	中国科学院动物研究所
	吴才宏	北京大学生物系
	原国辉	河南农业大学生物工程学院
委员	王大力	中国科学院生态环境研究中心
	王锦亮	中国科学院昆明植物研究所
	孔令韶	中国科学院植物研究所
	孔垂华	华南农业大学农学系
	李正名	南开大学元素研究所
	陈宗懋	中国农业科学院茶叶研究所
	娄永根	浙江农业大学植物保护系
	祝心如	中国科学院生态环境研究中心
	赵成华	中国科学院动物研究所
	都健	江苏省激素研究所
	黎教良	轻工业部甘蔗糖业科学研究所

2002 年 6 月 17 ~ 19 日，化学生态专业委员会在云南昆明召开会议，推选产生了第四届专业委员会，杜家纬研究员继续任主任委员。

第四届专业委员会组成人员（2002）

职位	姓名	单位
主任委员	杜家纬	中国科学院上海植物生理生态研究所
副主任委员	黄勇平	中国科学院上海植物生理生态研究所
	孟宪佐	中国科学院动物研究所
	吴才宏	北京大学生物系
	原国辉	河南农业大学植物保护学院
秘书长	司胜利	中国科学院上海植物生理生态研究所
委员	李正名	南开大学元素研究所
	张真	中国林业科学研究院森林生态环境与保护研究所
	张茂新	华南农业大学资源与环境学院
	陈宗懋	中国农业科学院茶叶研究所
	林军	云南大学化学与材料工程学院
	娄永根	浙江大学应用昆虫研究所
	赵成华	中国科学院动物研究所
	钱培元	香港科技大学太平洋海洋科学研究所
	韩桂彪	山西农业大学林学院
	戴华国	南京农业大学植物保护学院

2005年5月10~12日，化学生态专业委员会在广东珠海召开会议，推选产生了第五届专业委员会，杜家纬研究员继续任主任委员。

第五届专业委员会组成人员（2005）

职位	姓名	单位
主任委员	杜家纬	中国科学院上海植物生理生态研究所
副主任委员	黄勇平	中国科学院上海植物生理生态研究所
	孔垂华	中国科学院沈阳应用生态研究所
	原国辉	河南农业大学植物保护学院
秘书长	苗雪霞	中国科学院上海植物生理生态研究所
委员	张真	中国林业科学研究院森林生态环境与保护研究所
	张茂新	华南农业大学资源与环境学院
	汪思龙	中国科学院会同森林生态实验站
	陈宗懋	中国农业科学院茶叶研究所
	林军	云南大学化学与材料工程学院
	娄永根	浙江大学应用昆虫研究所
	林文雄	福建农林大学
	钱培元	香港科技大学太平洋海洋科学研究所
	韩桂彪	山西农业大学林学院

续表

职位	姓名	单位
委员	韩宝瑜	中国农业科学院茶叶研究所
	戴华国	南京农业大学植物保护学院

2007 年 4 月 20～23 日，化学生态专业委员会在浙江杭州召开会议，产生了第六届专业委员会，黄勇平研究员任主任委员。

第六届专业委员会组成人员（2007）

职位	姓名	单位
荣誉主任委员	杜家纬	中国科学院上海植物生理生态研究所
主任委员	黄勇平	中国科学院上海植物生理生态研究所
副主任委员	孔垂华	中国科学院沈阳应用生态研究所
	原国辉	河南农业大学植物保护学院
	娄永根	浙江大学应用昆虫研究所
秘书长	苗雪霞	中国科学院上海植物生理生态研究所
委员	叶敏	云南农业大学植物保护学院
	张真	中国林业科学研究院森林生态环境与保护研究所
	张茂新	华南农业大学资源与环境学院
	张金桐	山西农业大学文理学院
	汪思龙	中国科学院会同森林生态实验站
	陈宗懋	中国农业科学院茶叶研究所
	林军	云南大学化学与材料工程学院
	林文雄	福建农林大学
	阎秀峰	东北林业大学生命科学学院
	韩桂彪	山西农业大学林学院
	韩宝瑜	中国农业科学院茶叶研究所
	戴华国	南京农业大学植物保护学院

2008 年 10 月 22～25 日，化学生态专业委员会在北京召开会议，调整产生了第七届专业委员会，黄勇平研究员继续任主任委员。

第七届专业委员会组成人员（2008）

职位	姓名	单位
荣誉主任委员	杜家纬	中国科学院上海植物生理生态研究所
主任委员	黄勇平	中国科学院上海植物生理生态研究所
副主任委员	孔垂华	中国科学院沈阳应用生态研究所
	原国辉	河南农业大学植物保护学院
	娄永根	浙江大学应用昆虫研究所
	张真	中国林业科学研究院森林生态环境与保护研究所

职位	姓名	单位
秘书长	苗雪霞	中国科学院上海植物生理生态研究所
委员	叶敏	云南农业大学植物保护学院
	严善春	东北林业大学林学院
	张龙	中国农业大学农学与生物技术学院
	张茂新	华南农业大学资源与环境学院
	张金桐	山西农业大学文理学院
	汪思龙	中国科学院会同森林生态实验站
	陈宗懋	中国农业科学院茶叶研究所
	林军	云南大学化学与材料工程学院
	阎秀峰	东北林业大学生命科学学院
	董双林	南京农业大学植物保护学院
	韩宝瑜	中国农业科学院茶叶研究所

2010 年 10 月 9～12 日，化学生态专业委员会在上海召开会议，调整产生了第八届专业委员会，黄勇平研究员继续任主任委员。

第八届专业委员会组成人员（2010）

职位	姓名	单位
荣誉主任委员	杜家纬	中国科学院上海植物生理生态研究所
主任委员	黄勇平	中国科学院上海植物生理生态研究所
副主任委员	孔垂华	中国农业大学资源与环境学院
	原国辉	河南农业大学植物保护学院
	娄永根	浙江大学应用昆虫研究所
	张真	中国林业科学研究院森林生态环境与保护研究所
秘书长	苗雪霞	中国科学院上海植物生理生态研究所
委员	王琛柱	中国科学院动物研究所
	叶敏	云南农业大学植物保护学院
	严善春	东北林业大学林学院
	张龙	中国农业大学农学与生物技术学院
	张茂新	华南农业大学资源与环境学院
	张金桐	山西农业大学文理学院
	汪思龙	中国科学院会同森林生态实验站
	陈宗懋	中国农业科学院茶叶研究所
	林军	云南大学化学与材料工程学院
	阎秀峰	东北林业大学生命科学学院
	董双林	南京农业大学植物保护学院
	韩宝瑜	中国农业科学院茶叶研究所
	魏洪义	江西农业大学农学院

2012 年 8 月 15～18 日，化学生态专业委员会在辽宁沈阳召开会议，调整产生了第九届专业委员会，黄勇平研究员继续任主任委员。

第九届专业委员会组成人员（2012）

职位	姓名	单位
主任委员	黄勇平	中国科学院上海生命科学研究院
副主任委员	孔垂华	中国农业大学资源与环境学院
	闫凤鸣	河南农业大学植物保护学院
	娄永根	浙江大学应用昆虫研究所
	王琛柱	中国科学院动物研究所
	张真	中国林业科学研究院森林生态环境与保护研究所
秘书长	王倩	中国科学院上海巴斯德研究所
委员	孔祥波	中国林业科学研究院森林生态环境与保护研究所
	王朋	中国科学院沈阳应用生态研究所
	王桂荣	中国农业科学院植物保护研究所
	王满囷	华中农业大学植物科技学院
	叶敏	云南农业大学植物保护学院
	孙晓玲	中国农业科学院茶叶研究所
	严善春	东北林业大学林学院
	张龙	中国农业大学农学与生物技术学院
	张茂新	华南农业大学资源与环境学院
	张金桐	山西农业大学文理学院
	汪思龙	中国科学院会同森林生态实验站
	苗雪霞	中国科学院上海植物生理生态研究所
	原国辉	河南农业大学植物保护学院
	崔艮中	北京中捷四方生物科技股份有限公司
	阎秀峰	东北林业大学生命科学学院
	董双林	南京农业大学植物保护学院
	韩宝瑜	中国农业科学院茶叶研究所
	黎胜红	中国科学院云南植物研究所
	魏佳宇	中国科学院动物研究所
	魏洪义	江西农业大学农学院

2017 年 10 月 30 日，化学生态专业委员会在辽宁沈阳召开会议，调整产生了第十届专业委员会，娄永根研究员任主任委员。

第十届专业委员会组成人员（2017）

职位	姓名	单位
名誉主任	黄勇平	中国科学院上海生命科学研究院
主任委员	娄永根	浙江大学应用昆虫研究所
副主任委员	孔垂华	中国农业大学资源与环境学院
	闫凤鸣	河南农业大学植物保护学院
	王琛柱	中国科学院动物研究所
	苗雪霞	中国科学院上海植物生理生态研究所
	张真	中国林业科学研究院森林生态环境与保护研究所
秘书长	王倩	中国科学院上海巴斯德研究所
副秘书长	周国鑫	浙江农林大学
委员	孔祥波	中国林业科学研究院森林生态环境与保护研究所
	王朋	中国科学院沈阳应用生态研究所
	王桂荣	中国农业科学院植物保护研究所
	王满囷	华中农业大学植物科技学院
	叶敏	云南农业大学植物保护学院
	孙晓玲	中国农业科学院茶叶研究所
	李锋民	中国海洋大学
	刘德广	西北农林科技大学
	陆鹏飞	北京林业大学
	马瑞燕	山西农业大学
	严善春	东北林业大学林学院
	张龙	中国农业大学农学与生物技术学院
	张茂新	华南农业大学资源与环境学院
	汪思龙	中国科学院会同森林生态实验站
	崔艮中	北京中捷四方生物科技股份有限公司
	董双林	南京农业大学植物保护学院
	吴建强	中国科学院昆明植物研究所
	韩宝瑜	中国计量大学
	黎胜红	中国科学院昆明植物研究所
	魏佳宁	中国科学院动物研究所
	魏洪义	江西农业大学农学院

图书在版编目（CIP）数据

生态学透视：化学生态学 / 闫凤鸣主编. —郑州：河南
科学技术出版社，2023.9
ISBN 978-7-5725-1298-8

Ⅰ.①生… Ⅱ.①闫… Ⅲ.①化学—生态学 Ⅳ.①Q149

中国国家版本馆CIP数据核字（2023）第159163号

出版发行：河南科学技术出版社
地址：郑州市郑东新区祥盛街27号　　邮编：450016
电话：（0371）65737028　　65788616
网址：www.hnstp.cn
策划编辑：杨秀芳
责任编辑：杨秀芳
责任校对：臧明慧
封面设计：张德琛
版式设计：周小国
责任印制：张艳芳
印　　刷：河南瑞之光印刷股份有限公司
经　　销：全国新华书店
开　　本：787 mm×1 092 mm　1/16　印张：8　字数：205 千字
版　　次：2023年9月第1版　　2023年9月第1次印刷
定　　价：148.00 元

蝽类昆虫是自然界高明的"化学生态学家",其若虫与成虫均释放强烈(刺激性)气味,其作用为防御天敌(i.e., Allomone)和种内交流(即信息素)。封面中显示大豆害虫点蜂缘蝽若虫和成虫的气味组分不同:其中成虫特有气味组分,如聚集信息素异丁酸十四烷基酯,对若虫有吸引力,可帮助若虫寻找可取食的豆荚;若虫的特有气味组分,4-氧代-反-2-己烯醛,则对其他若虫有排斥力,可帮助若虫分散,避免过度竞争。

中原出版
CENTRAL CHINA PUBLISH

策划编辑　杨秀芳
责任编辑　杨秀芳
责任校对　臧明慧
封面设计　张德琛
版式设计　周小国
责任印制　张艳芳

ISBN 978-7-5725-1298-8

9 787572 512988 >

定价: 148.00 元